蒙顶黄芽

钟国林 王 云 杨 静 编著

U0348351

中国农业科学技术出版社

图书在版编目（CIP）数据

蒙顶黄芽 / 钟国林，王云，杨静编著. —北京：
中国农业科学技术出版社，2020.6
ISBN 978-7-5116-4778-8

Ⅰ.①蒙… Ⅱ.①钟…②王…③杨… Ⅲ.①茶叶—
研究—雅安 Ⅳ.① TS272.5

中国版本图书馆 CIP 数据核字（2020）第 092653 号

责任编辑　周丽丽
责任校对　马广洋

出 版 者　中国农业科学技术出版社
　　　　　北京市中关村南大街 12 号　邮编：100081
电　　话　（010）82101569（编辑室）（010）82109702（发行部）
　　　　　（010）82109709（读者服务部）
传　　真　（010）82106626
网　　址　http://www.castp.cn
发　　行　各地新华书店
印 刷 者　北京地大天成文化发展有限公司
开　　本　710 mm×1 000 mm　1/16
印　　张　10
字　　数　180 千字
版　　次　2020 年 6 月第 1 版　2020 年 6 月第 1 次印刷
定　　价　98.00 元

　　"蒙顶黄芽"是中国黄茶类的典型代表，是中国茶叶十大区域公用品牌——蒙顶山茶的主要品类，产自四川雅安的蒙顶山地区，以其历史时间长、地位尊、品质优、代表性强而著称。古人诗赞道："蜀土茶称圣，蒙山味独珍！"

　　历年来，蒙顶黄茶跟其他地区的黄茶一样，开发不多，研究不深，专著甚微，相关的内容均散布于其他茶叶文献或著作中，零星而分散。历史演化和现实结果，又使之成为了茶叶界中的小众茶类。近几年来，四川、湖南、安徽、浙江等黄茶主产区大力推动黄茶发展，产品种类不断丰富，全国还专门成立黄茶联盟，发表了联盟宣言，积极开展黄茶文化研究、品类开发和产品宣传活动，并取得较大的成效。但相对于绿茶、红茶、黑茶等主要茶类，在其研究、开发和推广的力度上还比较小，在大多数消费者中对黄茶的了解和消费十分有限，甚至没有黄茶的概念和印象。

　　该书作者钟国林长期从事蒙顶山茶产业管理和茶文化研究、弘扬和推广；四川省农科院茶研所原所长王云研究员是中国茶叶流通协会黄茶专委会首任主任，对黄茶有较系统、深入的研究；高级茶艺师杨静一直从事黄茶产品销售和茶艺推广。三位作者长期研究，集腋成裘，聚沙成塔，利用工作之余，将蒙顶黄芽从其历史发展演变、贡茶制作、环境条件、加工工艺、成分内含、传承生产等方面进行了全面的记述，特别是将黄茶进行了科学的分类与界定，总结提炼出蒙顶黄芽所具有的与众不同的"甜香蜜韵"概念，首次刊出许多鲜为人知的历史资料，讲述了蒙顶黄茶很多诗词背后的故事，提出了当前黄茶发展的诸多合理化的建议和意见，是一本真实性、系统性、理论性、普及性较强的蒙顶黄茶专著。

当今，在茶文化普及，茶文化兴盛、茶文化自信和茶叶个性消费的大环境下，《蒙顶黄芽》的推出，有利于广大茶人和消费者对黄茶的研究和认识，促进产品的生产、市场开发和品牌的推广，"昔日皇帝茶，今入百姓家"，黄茶将成为广大消费者青睐的大众茶。

进入新时期，中国已开始重新树立文化根基，扬起强劲的文化发展势头，必将向世界展示中华文明的光辉，树立世界文明的典范。中国茶叶和茶文化是最具有中华文化形象性、承载力和传播力的文化产品，以蒙顶黄芽为代表的中国黄茶应在中国茶叶领域内与其他茶类一起，加强交流合作，共拓消费市场，展现黄茶独特的风味与魅力，重新树立起中国黄茶文化的大旗，将黄茶及其文化不断弘扬光大。

刘仲华

2020 年 5 月 2 日

前　言

　　蒙顶黄芽是四川省雅安市蒙顶山茶区最具特色的茶品，属黄茶类，产自"中国十大茶叶区域公用品牌——蒙顶山茶"地理标志保护区、世界茶文化圣山蒙顶山茶区，其贡茶和皇家祭天祀祖的历史有1 000多年，具有"千年皇茶，黄韵蜜香"的品质特点和文化内涵，是中国黄茶的杰出代表。

　　黄茶在中国六大茶类中一直是属于小众茶，产地少、产量小、品类少，即便是丰富的古代文献和现代众多茶叶专业书籍中，对黄茶及其品种的介绍篇幅也很有限，民国以前没有黄茶、绿茶、黑茶等六大类茶的分类法，所以单独记述黄茶的更少，很多史料文献以记述其产品特点居多，这就给后来黄茶的追溯研究造成了很大的困难。自古以来很多人只闻其名，未品其茶。特别是蒙顶黄芽，由于其地域独特、季节性强、工艺难度大、制作时间长、产品产量低等原因，产品一直在市场上难见踪影。前些年，很多不识黄茶的人看其色泽不如绿茶等鲜嫩，又不如红茶、黑茶那样色深意沉，更不了解其特点和内涵，误认其为陈茶，使其受到冷落。

　　蒙顶山茶是全国著名茶叶品牌中唯一的一个多品类茶，发展至今，它包括绿茶（蒙顶甘露、蒙顶石花、蒙山毛峰、蒙山春露、蒙山烘青绿茶、蒙山炒青绿茶等）、黄茶（蒙顶黄芽等）、黑茶（雅安藏茶、蒙顶山黑茶等，也称南路边茶）、青茶（正大乌龙茶等），以及红茶（蒙山红韵、雅红等）、花茶（蒙顶甘露花茶、蒙山毛峰花茶、蒙山香茗花茶、残剑飞雪等）等品种。因此，将"蒙顶黄芽"单独列出，宣传推广，非常有价值和意义。

当前及今后若干年内，受全国茶叶总体产量过大、结构性过剩严重，市场广大消费者崇尚特色茶、老树茶、年份茶、山头茶等小众茶，黄茶是目前全国未被市场热炒过的茶类。充分利用黄茶自身所具有的产品特点和市场期望值较高的利好形势，抓住中共四川省委、省政府关于"做强川茶产业，擦亮川茶金字招牌，大力发展茶叶精制加工"的历史机遇，发挥蒙顶黄芽"品质优、特色明、地域强、名气大、潜力足"的优势，大力发展蒙顶黄茶这一历史名茶，使蒙顶黄茶做出特色、做出文化、做响品牌，同时要重点突出，拓展市场，建立金字塔式的生产经营方式，是当前应对茶叶市场产大于销，名山茶叶经营快到天花板时等严峻形势的有力措施，使蒙顶黄芽顺势推广，走向辉煌。

蒙顶黄芽是生产时间最长、历史文化内涵最深厚、产品量小、珍稀度最高、产品特点显著的茶品，值得专门研究，推广宣传。本书根据作者对蒙顶黄芽多年来的研究及对全国黄茶掌握的基本情况，将蒙顶黄芽及其系列产品相关知识进行全面的记述和介绍，既有利于指导蒙顶黄茶的生产加工经营与品牌建设，又有利于茶叶爱好者、消费者认识和消费，更有利于黄茶及其产业的发展。

目　录

第一章

蒙顶山茶文化传承

　　蒙顶山茶文化历史悠久，禀赋独特，茶文化底蕴深厚。蒙顶山有 2 000 多年的种茶史，是世界上有文字记载人工种茶最早的地方，西汉甘露年间（公元前 53—前 50 年），邑人吴理真亲手将七株"灵茗之种"种于蒙顶五峰之间，是我国人工种茶最早的记载，至今已有 2 000 多年历史。唐天宝元年（742 年），蒙顶山茶列为贡品，经宋、元、明绵延到清末，长达 1 169 年。经历了一个从药品、饮品、贡品、祭品到商品的茶叶发展系统完整过程，其间名茶辈出，贡茶不断，在中国和世界茶史上有着极其重要的地位。"扬子江心水，蒙山顶上茶""蜀土茶称圣，蒙山味独珍"等诗词对联千古流传，"茶祖故里，世界茶源"扬名中外。

黄芽成品

黄芽开汤

第一节　历史演变

蔡蒙旅平，和夷底绩——大禹石像

植茶始祖——吴理真

蒙顶山，又称蒙山，地处北纬30度四川盆地西南边缘向青藏高原的过渡地带，是我国历史地理文献中较早出现的山名，横跨名山区、雨城区、芦山县和邛崃市，以茶叶闻名于天下，是世界茶文化发源地、世界茶文化圣山。山名来源于优美的自然环境，《九州志》载，"蒙山者，沐也。言雨露濛沐，因以为名"。《蜀中广记》云，"山有五顶，最高者名上清峰，有甘露井，水极清冽，四时不涸。相传汉僧理真所凿，后日隐化井中。"西汉甘露年间（公元前53年），名山本地人吴理真在蒙山移栽驯化野生茶树，开创了人工植茶的先河。东汉《巴郡图经》云："蜀雅州蒙顶茶受阳气全，故芳香。"晋代乐资著《九州志》载："蒙山者……山顶受全阳气，其茶芳香。"故两汉、两晋时期，蒙顶山茶就已非常有名。

蒙顶山生产黄茶肇始于何时，无确切资料考证，但追溯历史脉络可从唐代开始。唐睿宗时期，曾在蒙山修道的著名道人叶法善将蒙顶山茶作为民间仙草、仙方引荐奉献给李隆基，李隆基深深爱上了蒙顶茶。公元742年，唐玄宗正式登基，下旨广泛征集天下方士、长生不老之物，蒙顶茶正式入贡皇室，作为供皇家专供使用，并在唐玄宗的一直钟爱下，年年不间断进贡，从此名冠天下。《唐仵达灵真人记》作者自述：曾随玄宗銮舆西幸，两次均见青城道人，得"真元丹诀"和"神水黄芽之要"。后蒙

茶文化圣山——蒙顶山

顶山所产名茶黄芽，取名源于唐所编《道藏》的缘由之一。

唐代李肇（约825年）《国史补》中记有"茶之名品，蒙山之露芽""风俗贵茶，茶之品名益众，剑南有蒙顶石花，或小方，或散芽，号为第一"。《茶叶通史》释：小方即唐代贡茶或茶之上品都是饼茶。蒸青散茶只蒸不捣，不拍的散形叶茶，是宋代至元代早期才出现。散芽：唐代蒙山散芽只是只蒸不研（捣）的饼茶。"散芽"是总称，已知品名有：蒙山鹰嘴芽白（《膳夫经手录》）、蒙顶露筏芽、蒙顶筏芽（《茶谱》）等。

蒙顶山老茶园

宋代虞载《古今合璧事类备要别集卷》："蒙山露芽：蜀雅州蒙山顶有露芽、谷芽，皆云火前者，言采造于禁火之前也，火后者次之。"文彦博、苏轼、文同曾作诗赞誉。唐代的蒙顶石花贡茶，加工成片（饼）、小方，即龙团凤饼。唐宋时期，高档的蒙顶山茶多加工成团饼形状，毛文锡《茶谱》有"其茶如蒙顶制饼茶法"，北宋《石林燕语》有"自定遂为岁贡蒙顶团茶……适与福州茶饼相类"。

正一派道教《斋天科仪》献茶揭："夫茶者，武夷玉粒，蒙顶春芽。烹成蟹眼雪花，煮作龙团凤髓，癸天天鉴亨地表，以此春茗。雀舌遇先春，长蒙山有味香馨。竹炉烹出，沸如银满，泛玉瓯缶樽。"可见唐宋时期道教均用芽叶压制成团茶，用时炙烤，碾成细末，然后烹煮，作为敬天敬神和修道长生的专品。

蒙顶山受道教影响很大，很多地名、茶名均取自道教：如上清峰、灵泉峰、甘露、石花、圣扬花、玉叶长春等。黄芽最早见于毛文锡《茶谱》："临邛数邑，茶有火前、火后、嫩叶、黄芽号"，传统工艺的黄芽外褐黑色，内金黄色，取外褐黑而内藏金华，茶之精之义也。有两层含义：一是名称借用道教烧丹以铅华为黄芽，铅外表黑，内怀金华。宋代道教的紫阳仙人张伯端诗："甘露降时天地合，黄芽生处坎离交"，指的是铅汞、水火、阴阳相互交替练成仙丹。二是内涵相同，均为仙家神药、延年长生之品。具体品种是："蒙山有压膏露芽，不压膏露芽，井冬芽，言隆冬甲折也。"压膏露芽是制茶过程压去部分茶汁，压模成型，芽形显露。不压膏露芽：制茶过程不压茶汁，压模成型，芽形显露。其间有闷黄的过程，这与后来的黄芽饼茶制法一脉相承。宋代文彦博在《蒙顶茶》诗中赞道："旧谱最称蒙顶味，露芽云液胜醍醐。"

蒙顶黄芽名称正式形成是从明代开始的，《群芳谱》有云："雅州蒙山有露芽、谷芽，皆云火者，言采造禁火之前也。"明代的炒青散芽茶露芽、谷芽，其前身是唐代的饼茶、不压膏露芽。《本草纲目》集解中："有雅州之蒙顶石花，露鋑芽、谷芽为第一。"露芽、谷芽即为后来的黄芽，在明清及近代成为最具代表性茶品、贡品。

改革开放以来，蒙顶黄芽多次获国际国内金奖。1993年，蒙顶黄芽获泰国曼谷中国优质农产品展览会金奖，1995年，在第二届中国农业博览会上获银奖，1997年，第三届中国农业博览会上被认定为"名牌产品"，2000年，获成都国际茶叶博览会银奖，2001年，被中国（北京）国际农业博览会评定为名牌产品。2007年，入选迎奥运五环茶战略合作高层研讨会代表黄色环。蒙顶黄芽与蒙顶

蒙顶山茶

"蒙顶山茶"证明商标

甘露、蒙顶石花等产品一起获"百年世博中国名茶金奖""中国十大茶叶区域公用品牌"等荣誉。名山茶叶企业黄芽多次获国内国际金奖，2015 年，蒙顶山茶（含蒙顶黄芽）获米兰世博会——百年世博中国名茶金奖；四川蒙顶皇茶茶业有限公司的蒙顶黄芽获百年世博中国名茶金骆驼奖；同年杨瑞入选中国大学生茶艺团，在米兰世博会"中国茶文化周"上宣传中国茶的魅力蒙顶黄芽和蒙顶甘露。2017 年，蒙顶黄芽入选中国茶叶博物馆茶萃厅。

2009 年 4 月，四川跃华茶业有限公司生产的"跃华"牌蒙顶黄芽获第十六届上海国际茶文化节金牛奖，并于 9 月获第六届中国国际茶业博览会金奖。2010年 3 月，四川茗山茶业的"蒙山"牌甘露和黄芽成为 2010 年上海世博会特许商品；跃华茶业、皇茗园茶业、味独珍茶业、圣山仙茶、禹贡茶业等 5 家企业的蒙顶黄芽和蒙顶甘露被选为上海世博会四川馆礼品茶。味独珍茶业的蒙顶黄芽获2011 年中国（上海）茶业博览会中国名茶评选金奖。在 2016—2019 年第一届至第四届蒙顶山黄茶斗茶大赛上，四川蒙顶山跃华茶业集团有限公司、四川蒙顶山

中国茶叶博物馆茶萃厅陈列的蒙顶黄芽

皇茗园茶业集团有限公司、四川川黄茶业有限公司、四川省蒙顶皇茶茶业有限公司、四川蒙顶山茶业有限公司、四川蒙顶山味独珍茶业有限公司、名山区月辉谷茶坊、雅安市赋雅轩茶业有限公司等雅安名山茶叶企业均多次获斗茶大赛金奖。

第二节　千年贡茶

仙茶、蒙顶山黄茶等及相关茶品组成的蒙顶山茶，在唐宋元明清五朝为贡，明清代还作为祭天之专用茶，形成一整套专门的贡茶制度，有专门的品种和制作工艺和管理、运送仪式，是使用和赏赐的等级最高，其包装也别于常品，体现出蒙顶山贡茶的神圣与高贵，在中国茶史上有极其重要的地位。

著名茶文化专家、四川农业大学副教授李家光（1932—2014）、茶叶推广研究员李廷松（1938—2008）研究认定，蒙顶山茶进贡品中多有黄茶。辽东学院茶道专职讲师吴晨研究清代茶文化多年，认定贡茶中皇帝饮用以黄茶为主，其主要是：一是历史原因。在清朝，黄色是皇室的着色，平民百姓是不可以使用的，黄茶主要是作为贡茶进贡给皇帝，平民百姓很难接触。二是制作工艺。那时候黄茶产量非常少，而且黄茶的制作工艺也比较复杂，制茶分寸感极难掌握。因此黄茶尤其珍贵稀少。

东晋常璩《华阳国志》载："周武王伐纣，实得巴蜀之师……铜、铁、丹、漆、茶、蜜……皆纳贡之。"这里产地太宽泛，本书暂不作为蒙顶山茶正式作贡的开始。蒙顶山茶进贡，有明确记载的是从唐代天宝元年（742年）起至清末1 169年，历经5个朝代未间断，特别是在清代还列为祭天祀祖的专品，在中国茶叶史上绝无仅有，具有极其辉煌和重要的篇章。

一、贡茶朝代

（一）唐

蒙顶山茶作为贡茶始见于唐代。唐代贡茶一是官办贡茶院贡茶。二是土贡，即地方作为土特产进贡。唐代李肇《新唐书》中有：唐玄宗天宝元年（742年），"雅州庐山郡土贡有麸金、茶、石菖蒲、落雁木"，到晚唐时期，蒙顶山贡茶数量已是四川第一，唐代李吉甫史书《元和郡县志》（元和八年即 813 年）记载"蒙山在县南十里。今每岁贡茶，为蜀之最。"至 825 年，《唐国史补》载："剑南有蒙顶石花，或小方，或散芽。号为第一。"小方即杀青后入圆模或方模烘干成型的茶，散芽是不入模直接烘干的茶。其时，茶祖吴理真所植七株茶树被列为重点管护之茶。

故宫博物院贮藏的清代蒙顶
"仙茶"

（二）宋

宋代承袭唐代贡茶制度，蒙顶山茶除专门用于易马之用外，也继续为贡茶，蒙顶贡茶进贡数量减少。五代毛文锡《茶谱》："蒙顶有研膏茶，作片进（贡）之，亦作紫笋茶。"研膏茶即杀青后压汁或不压汁入圆模或方模烘干成型的茶，其工艺中已有黄化的环节与黄茶的雏形。蒙顶山也生产万春银叶和玉叶长春贡茶，《锦绣成花谷续集》说："万春银叶自宣和二年（1120 年），正贡四十片（一片即一饼），玉叶长春自宣和四年（1122 年）正贡一百片。"贡品虽不多，但采摘、制作更精细，外形包装更讲究。进贡时，"藉以青蒻，裹以黄罗，封以朱印，外用朱漆小匣镀金锁，又以细竹丝织笈贮之"。宋代欧阳修撰《新唐书》中《地理志·贡茶》中有："雅州芦山郡：蒙顶贡茶"，肯定了蒙顶贡茶地位。北宋中期，蒙顶贡茶因入贡路途遥远一度失宠，"灵芽呈雀舌，北苑雨前春。入贡先诸夏，分甘及近臣。越瓯犹借渌，蒙顶敢争新。"（宋代杨亿），时任雅州太守的雷简夫（1054—1056）力振蒙顶贡茶，亲自督促茶叶采制送尚书都官员外郎梅尧臣请帮助宣传，梅尧臣作诗《得雷太简自制蒙顶茶》记

仙茶之处——皇茶园

之。茶祖吴理真所植七株茶树在五代时期以前被传说为"仙茶"，作为贡茶之重点。蒙顶贡茶已成为地方每年必贡之品，也成为地方官员的职责。宋代知名山县事孙渐在蒙山题留云："余莅任斯土，每采贡茶，必亲履其地……因蒙茶攸关贡品。"

（三）元

元代统治者皆为蒙古族，食以牛羊为主，喜爱经过发酵的藏茶即西番大茶。毛文锡《茶谱》载："又有火番饼，每饼重四十两，入西番、党项重之。如中国名山者，其味甘苦。"火番饼，即名山、雅安、天全、荥经、芦山、邛崃、崇庆等地区范围茶区，采割茶成熟枝叶经杀青、发酵、揉捻、制饼、烘干而成的饼茶。经过深发酵，其味香甘浓厚，发酵不深即半发酵，其味甘苦。名山所产西番

蒙顶山天盖寺"天下大蒙山"碑

饼所用石模压制工艺，布包压模1天，其时间已达到闷黄效果。说明名山所产蒙顶茶是闷黄的半发酵茶，即黄茶的前生。元代至元十二年（1275年），在四川设立"西番茶提举司"专门征收贡茶与管理茶叶交易，将西番茶销往蒙古等西北地区。《元史》食货志说："……其岁征与延祐同，元代至顺二年（1331年）无籍可考……西番大茶……亦无从知其始末，故皆不著。"

李德载《赠茶肆》之三"蒙山顶上春先早，扬子江心水味高。陶家学士更风骚。应笑倒，销金帐，饮羊羔。"《赠茶肆》之十"金芽嫩采枝头露，雪乳香浮塞上酥。我家奇品世上无。君听取，声价彻皇都。"

（四）明

明代除官贡外，凡产茶之处，有

茶必贡。"四方供茶……时犹宋制，所进者俱碾而揉之，为大小龙团。洪武二十四年（1391年）九月，上以劳民力，罢龙团，唯采芽茶以进。"从此，蒙顶贡茶改为炒青、烘青散茶，进贡主要是仙茶，陪茶等，品目有甘露、黄芽、雀舌、芽白。明代万历年间，名山知县张朝普说："蒙山为仙茶之所，每岁必职。"清初的王士祯在《陇蜀余闻》中记载："每茶时叶生，智矩寺僧报，有司往视，籍记叶之多少，采制才得钱许。明时贡京师仅一钱有奇。"明代王象晋《群芳谱》（1621年）："近世蜀之蒙山，每岁仅以两计。苏之虎丘，至官府预为封识，已为采制。所得不过数斤。岂天地间尤物，生固不数，数然耶。蜀之雅州蒙山顶有露芽、谷芽，皆云火前者，言采造于禁火之前也。火后者次之。"露芽、谷芽，即黄芽。

（五）清

清代没有设官贡，全为土贡。清雍正十二年（1734年），沈廉在《退笔录》写道："…仙茶，每年送至上台，贮以银盒，亦过钱许，其矜如此。"清吴振棫（yù）《吉养斋丛录·进贡物品单》（24卷）记载："任土作贡，古制也。各省每年有三贡者，有二贡者。其物亦屡有改易裁减。今所见近日例进者，汇录于后。""四川总督年贡：仙茶二银瓶，陪茶二银瓶，菱角湾茶二银瓶，春茗茶二银瓶，观音茶二银瓶，名山茶二银瓶，青城芽茶十锡瓶，砖茶一百块，锅焙茶九包。"清代名山知县赵懿《蒙顶茶说》："名山之茶美于蒙，蒙顶又美之，上清峰茶园七株又美之。"世传甘露慧禅师所植也。2 000年不枯不长，其茶叶细而长，味甘而清，色黄而碧，酌杯中香云蒙覆其上，凝结不散，以其异，谓曰仙茶。清代何绍基诗赞："蜀茶蒙顶最珍重，三百六十瓣充贡。银瓶价领布政司，礼事虔将郊庙用。"

二、贡茶品类

唐：蒙顶石花，或小方，或散芽，露芽、谷芽。（《唐国史补》《本草纲目》）

宋：万春银叶团茶、玉叶长春团茶，蒙顶石花，露芽，仙茶，研膏茶或紫笋茶。（《锦绣成花谷续集》）

元：万春银叶团茶、玉叶长春团茶，仙茶，蒙顶石花，西番茶。

明：万春银叶散茶、玉叶长春散茶，仙茶、陪茶（露芽、谷芽）、蒙顶石花。

清：仙茶、陪茶、菱角湾茶、蒙顶山茶、名山茶（颗子茶）。

仙茶　　　　　　　　　　　陪茶

菱角湾茶　　　　　　　　　灌县细茶

观音茶　　　　　　　　　　青城芽茶

故宫博物院贮藏的蒙山贡茶

三、祭祀开园

贡茶采摘、制作和运送上台均按古法礼制，观茶芽萌发时择吉日，县官率贤达与众僧，祭祖祀天，焚香开园，到半山智矩寺制作，后又择吉日，穿朝服向京城叩拜，遣布政司官员护送进贡。清代赵懿《名山县志》："岁以四月之吉祷采，命僧会司，领摘茶僧十二人入园，官亲督而摘之。""自是相沿迄清，每岁孟夏，县尹筮吉日朝服登山，率僧僚焚香拜采。"

皇茶园开园采摘

2004年3月27日，皇茶采制大典在蒙顶山皇茶园举行，大典按古法进行：贡茶采摘、制作和运送上台均按古法礼制，吉日，县官率贤达与众僧，祭祖祀天，焚香开园，到半山智矩寺制作。至2020年，已连续举办16届，每届都要进行蒙顶皇茶采制大典暨茶祖吴理真祭拜仪式。

永兴寺制作茶叶

四、制作工艺

据陆羽《茶经》记载饼茶制法："蒸之、捣之、拍之、焙之、封之、茶之干矣。"即茶叶蒸后热捣成膏，又称研膏；然后装入圆形或方形或有纹饰的模具内，用同形状的石台压制成压膏茶；成型后，用锥刀凿穿，用竹篾条或绳穿起成串；用无烟的炭火烘焙干；计数包装、封藏入库。《茶谱》中"蒙顶有研膏茶，作片进之，亦作紫笋。"研者，碾也，即捣碎后不压去汁入模成型之茶，说紫笋茶制作保持原汁原味。

宋代贡茶制造过程中，压黄是一道重要的工艺过程。茶芽蒸熟后称为茶黄，采用压榨茶黄除去茶黄中的水分和部分茶汁的方法称为压黄，压黄又称为出膏。黄儒《品茶要录》认为："榨欲尽去其膏，膏尽则有如干竹叶之色，惟饰首面者。"压榨是一种静压力，远不如现代的揉捻。压榨方法压出的茶汁是非常有限的，压出的茶汁主要是表面的水分。经过压榨后，茶叶的苦涩味减少。从压榨过程来看，茶叶包束在布帛里，外用竹篾束缚，经过近一天的压榨其内含物质不可避免地发生自然氧化，减轻了茶叶苦涩味，是黄化的结果，不是压黄的结果，是黄茶的雏形。宋代之后压黄工艺被淘汰，主要是锅炒杀青的应用，头杀后茶叶的含水量大幅度减少的原因。

元代名山所产西番饼中应是半发酵的饼茶，工艺为：用石模压制。下石凿凹成圆形，直径约 7 寸（1 寸 ≈ 3.33 厘米，全书同），深约 3 寸，上石重六七十斤（1 斤 =0.5 千克，全书同）凿凸圆形，直径约 7 寸，凸出约 2.5 寸，杀青后的茶叶用布包裹，装入石模中利用石的重量压制 1 天成型，烘干后取下白布，饼大重约 1 斤。布包压制 1 天，起到闷黄作用。

清代赵懿《名山县志》载"今蒙顶贡焙作，固已同于宋制矣，茶生于盘石，味迥殊大观茶。"即现在的蒙顶贡茶其工艺和风格已不同于宋代大观时期的贡茶。李家光考证："六世纪前后，除'仙茶'保持片茶精心烘焙成为'贡茶'外，开始嫩摘，只采芽头或单片，制作石花和颗子茶即'帮贡'或称'陪贡'。"《名山县志》（民国版）："三百六十叶外，并采菱角峰下'凡种'揉制成团，另贮十八锡瓶陪贡入京，天子御焉。中外通称贡茶即此两种也。民国停贡，县尹仍照旧珍采以供祀事，至于漫山所产茶味均佳。"

毛文锡《茶谱》称："眉州洪雅、昌阖、丹棱，其茶如蒙顶制茶饼法。"《唐国史补》载："剑南有蒙顶石花，或小方，或散芽。号为第一。"说明唐代蒙顶茶是以饼茶进贡。

永兴寺摊凉茶叶

清代黄芽制作沿用明代，贡茶仙茶及副贡制作工艺如赵懿《蒙顶茶说》载："尽摘其嫩芽，笼归山半智矩寺，乃剪裁粗细及虫蚀，每芽只拣取一叶，先火而焙之。焙用新釜燃猛火，以纸裹叶熨釜中，候半蔫，出而揉之，诸僧围坐一案，复一一开，所揉匀摊纸上，弸于釜口烘令干，又精拣其青润完洁者为正片贡茶。茶经焙，稍粗则叶背焦黄，稍嫩则黯黑，此皆剔为余茶，不登贡品，再后焙剪弃者，入釜炒蔫，置木架为茶床，竹荐为茶箔，起茶箔中揉，令成颗，复疏而焙之，曰颗子茶以充副贡，并献大吏。""仙茶"的杀青不是将鲜叶直接投入高温的釜（铁锅）中，而是包裹在纸中，釜高温通过纸包传递给鲜叶，纸包杀青的鲜叶温度会比直接投入铁锅中杀青的温度高，容易杀透，茶叶不容易变红。这种用纸包杀青的方式属于闷炒，待到半蔫叶也变黄，甜香初成。后经揉、拣，再用纸包裹，后烘焙干，择拣青润完洁者为正片贡茶。蒙顶黄芽贡茶极重色、香、味、形，通过炒、晾、揉、焙，使蒙顶绿茶的外形内质为之大变，形成了"味甘而清，色黄而碧，酌杯中香云幂覆，久凝不散"的特点。

五、贡茶使用

根据清宫贡茶研究，清代宫廷茶文化集养生养身、愉悦情志、教化安邦的作用为一体，既属于皇室贵族的个人喜好，又属于朝堂国事政务，在清代宫廷生活中扮演了重要的角色。清宫贡茶 5 个功能用途。

（一）日常饮用、喝清茶饮、奶茶饮、浓茶、卤果茶

乾隆在位 60 年间（1736—1795 年），清代正处于康乾盛世，加之乾隆皇帝酷好饮茶，又擅作诗，每年正月初二至初十便选择吉日在重华宫举行茶宴，由乾隆钦自主持，其主要内容：一是由皇帝命题定韵，由出席者赋诗联句；二是饮茶；三是诗品优胜者，可以得到御茶及珍物的赏赐。清宫的这种品茗与诗会相结合的茶宴活动，持续了半个世纪之久，几乎每逢新正都是要举行的，称为重华宫 [①] 茶宴联句，传为清宫韵事。中国第一档历史档案馆藏档：宫中杂件第 2088 包，物品类，食品茶叶，清光绪十三年（1887 年）闰四月十一日，"小太监李文泰传，上要去仙茶小银瓶四瓶，联陪茶小银瓶四瓶，菱角湾茶小银瓶四瓶，

[①] 重华宫：重华宫在北京故宫西路，雍正五年（1727 年）清高宗弘历（乾隆帝）大婚时赐居于此，乾隆登极后升为宫

初春嫩芽

春茗茶小银瓶四瓶，观音茶小银瓶四瓶。"乾隆皇帝理政后品茶消遣作《烹雪叠旧作韵》："通红兽炭室酿春，积素龙樨云遗屑。石铛聊复煮蒙山，清兴未与当年别。"即用石铛煮蒙山茶品饮，没有失去未当皇帝之前的那种清雅兴致感觉。据传当年乾隆皇帝还对义兴茶号贡茶封赏，赐金漆丹书匾一副（待考）。

（二）赏　赐

如例行赏赐、不定期赏赐。清宫档案记载：赏赐妃嫔、公主和朝廷重臣的是蒙顶仙茶，共计一百五十六瓶，奉旨："赏妃嫔公主等位，大小银瓶茶一百四十三瓶，赏阿桂，和珅……每人蒙顶仙茶六瓶。"赏赐阿哥的观音茶，其余宫廷服务人员赏赐的是春茗茶。表明身份等级越高，受赏赐的茶叶越珍贵。也说明接触皇帝最多的群体受赏赐的概率越高。而赏赐外国使节和朝贡国及外蕃首领一般都用普洱茶、安化茶、六安茶、武夷茶砖茶和茶膏。

（三）宴会饮用

如各类节日、常朝①、凯旋、会射②、日讲、经筵、恩荣宴、会试等。如康熙、乾隆年间各举行的两次"千叟宴"，分别有 2 000～5 000 人出席。"千叟宴"的进餐程序，仍然是首开茶宴。

（四）药　用

茶叶最早就是作为药材使用的。"嘉庆二年（1797 年）九月十八日，王欲清得嫔仙茶两钱、两服。""嘉庆二年一月十二日，刘进喜请得嫔藿香正气丸三钱，仙药茶二钱一服、二服。"

---

① 常朝：崇德年间，定每月初五、十五、二十五日常朝，遇上长殿，五以下、公以上，在陛上坐，赐内府茶，各官在丹墀坐，赐光禄寺茶
② 会射：顺治十四年题准，上三旗官员甲兵会射，用牲酒，尚膳监备办，茶，光禄寺备办

（五）祭　祀

蒙顶山贡茶陪茶、菱角湾茶、蒙顶山茶、名山茶皆为上述3个用途，"三百六十叶外，并采菱角峰下凡种揉制成团曰颗子茶，另贮十八锡瓶陪贡入京，天子御焉"。

但"仙茶"却是祭天之用，这也是史料文献中记述专用于祭天的贡茶。万秀锋《清代贡茶研究》："宫廷中用作祭祀品的茶叶大都是由皇帝精心挑选的。""祭祀的茶叶也主要集中在蒙顶茶、莲心花茶、普洱茶等几类，在这些茶叶中蒙顶仙茶采摘数量极少，以稀有之物供献祖先也代表了皇帝的仁孝之心。"《名山县志》："自是相沿迄清，每岁孟夏，县尹筮吉日朝服登山，率僧僚焚香拜采……采三百六十叶，贮两银瓶贡入帝京，以备天子郊庙之供。"这与一千多年来蒙顶七株仙赋予了了茶神奇的传说，与儒释道三家皆认可有关，更是唐代以来宋元明清五朝贡品的身份，也可能与《蒙山施食仪》中记蒙山雀舌茶是专供佛、道教中《斋天科仪》献茶揭敬神用专品的地位有关。

另外，茶叶还可以贮藏一定的时间，特别是黑茶、黄茶贮藏的时间可更长。宫廷在接纳到贡茶后交由御茶膳房及茶房保管，并按皇帝安排使用。蒙顶贡茶除上述用途外，乾隆二十五年到五十六年（1760—1791年），清宫在三十二年时间里共攒下了四百一十一瓶，平均每年十三瓶，可见其珍贵。"用一方盘摆毕，安在养心

自然生态的黄芽（川黄 摄）

殿东暖阁，呈上览过。"民国十四年（1925年）三月一日，清室善后委员会刊行《故宫物品点查报告》第二编，册六·卷四·茶库二四五号"蒙茶九箱"，说明蒙顶贡茶保存还很多。

六、盛茶用具

唐宋元时期，蒙顶贡茶盛装没有专门记载，但根据茶叶制作工艺团茶为主和部分散芽、品饮前需烘烤及名山县本地包装茶爱用黄白纸等特点推测，蒙顶贡茶

以黄白纸包装第一层，纸上可能印有龙凤图案。外层多有可能用盒或匣盛装，用黄缣丹印封之。

明清时期，因贡茶主要是烘青、炒青芽茶、芽叶茶及蒙顶黄芽，需要干燥、避光保存。因此，茶叶的包装分内外层，内层是盛装茶叶的罐、瓶，外层为茶匣。

（一）茶 罐

内包装主要盛装茶叶，有罐、瓶、盒等，要求密封性、美观性和方便性，有银、锡、瓷、陶（紫砂）、玻璃等。故宫专家万秀锋《清代贡茶研究》："清代贡茶中以银质容器包装的，只有四川的五种茶品，即仙茶、陪茶、菱角湾茶、观音茶和春茗茶，其中以仙茶为首……这几种茶是为了专补仙茶之不足，所以包装才一如仙茶。这几种茶叶的包装分为长方盒与圆瓶两种，每两瓶茶叶放入同一木匣内。包装匣通体以木为心，内外分别以明黄色布或黄绫包裹，匣盖外有墨书'仙茶'字标，匣内有两长方银瓶，瓶口以黄色封签封口。之所以使用银质容器包装，首先是因为仙茶的产量非常少，'每岁采贡三百三十五叶'，其次是因为'天子郊天及祀太庙用之'，用于祭祀天地祖先的茶叶当然要用贵重的材料包

小阴纹银茶瓶
故宫博物院藏

清宫茶贡茶
故宫博物院藏

蒙顶山贡茶包装：阴刻纹银瓶和菱角湾茶茶匣

装。""银茶叶罐的数量有限，表现在清晚期只限于3种特殊用途贡茶的包装上，即四川蒙顶山进贡的仙茶、陪茶、菱角湾茶3种。3种贡品在宫廷礼仪中应用很多。当年除皇帝、太后等人啜饮一部分，还用以祭太庙、祭祖，所以外包装以贵金属为之。这种茶罐虽无雕琢，但在材质上做文章，体现着茶叶有以享神灵的价值。"

据考证，清代的贡茶基本沿袭了前代贡茶的包装风格，材质以银、锡为主，锡器采用铸、錾等工艺制作出各式各样的花纹图案，主要有龙凤、暗八仙纹、水仙纹及花鸟纹等。造型有如意云、花瓶等各式。容器外一般包有黄色的布套或黄缎套。此外还有

一些大的包装盒，将茶叶放置在其中，这些盒也基本上以黄色或者明黄色为主，显示出皇家独有的特性。《名山县志·卷十·经费 贡茶》"岁给银瓶银二十一两五钱，饭食银七两五钱三分，共银二十九两三分，赴司请领，折银票给发。又附杂费·预筹经费·自同治三年（1864 年）始，系缉捕经费及黑夷赏需，京员俸饷等费，岁额捐银三拾两，申解盐茶道库。"

（二）茶　匣

外包装主要是箱、盒、匣，为的是美观和保证内包装安全，虽然用的材质是木、纸、竹等，但内在门道却丝毫不减。蒙顶贡茶的黄绫面木茶叶匣最有特色：贡茶一般置于包装匣、箱之中，体现着茶品的尊贵。名山所贡茶叶包装在设计制作中还充分考虑到了宫中祭祀使用。包装匣通体以木为心，内外以明黄色布或黄绫包裹。匣内有与茶罐尺寸相合的卧槽，外仍有与茶桶相吻合的凹槽板，最外设可拉的盒盖。当提拉最外的前脸抽拉盖，再将槽板掀起时，两瓶银制茶叶罐便显露出来。照原样依次扣合，茶叶桶便稳稳立于匣内。匣外顶部设提手，专为外出提携而设。在这普通用料、普通造型的茶叶匣有两大特点：首先注重茶叶罐的稳定性，保证茶叶桶在匣内不因颠簸而受损；同时从设有的提手可知，匣内所装茶叶是有特别用途的，需要太监等提携以供清帝取用。匣外还分别用墨书为"仙茶""陪茶""菱角湾茶"，取用时不会混淆出错。

七、贡茶运送

唐时，文学家刘禹锡《西山兰若试茶歌》中"何况蒙山顾渚春，白泥赤印走风尘。"描述了唐时蒙顶贡茶入贡的情形。蒙山茶作为贡茶在采摘、运送等的仪式也随之发展起来。蒙顶山茶进贡《名山县志》载："临发，县官卜吉，朝服叩阙，先吏解赴布政使司投贡房。经过州县谨护送之，其慎重如此。"说明蒙顶贡茶运送有一套规范且有效的程序，年年进贡已是常态：县官要择黄道吉日，穿上官服朝京城方向叩拜，表示进贡皇上感谢皇恩浩荡。由布政司官员护送到京解进贡房。沿途州县谨慎护送，但具体里程、经过地、时间无记载。以《普洱府志》记载为例"自省至京五千八百九十五里（1 里 =0.5 千米，全书同），普洱至省九百四十里，至京六千八百三十五里。"武夷岩茶水路 3 141 里，陆路 1 650里，共计 4 791 里。名山到成都作为"四川总督年贡"，成都到京城总里程不少

早春嫩芽叶

于五千里。何绍基诗："旗枪初报谷雨前，县官洁祀当春仲。正茶七株副者三，旋摘轻烘速驰送。"明代文昂在名山《天目寺重修道路碑记》载："今岁新委内相金璋领命至此，大管茶兰进贡。见得路道崎岖，行人马力难便，亲书化疏，结众喜舍资财米谷，命匠用工修砌。"说明贡茶之路艰辛，并要常修砌维护。

八、茶园管理

蒙顶贡茶产于四川蒙顶山茶，以山顶五峰之中的七株仙茶为核心，包括皇茶园后面的上清峰、右侧的菱角峰等茶园，唐以后建皇茶园被列为禁地，闲人严禁入内。设僧正（享受正七品）管理茶叶，茶园由天盖寺管理，称薅茶僧，静居庵和尚专管采茶（陪茶）称采茶僧，智矩寺之僧人负责制作，称制茶僧，永兴寺僧人负责供佛，称供茶僧。各司其职，费用由县衙下文各持摊付，拒者法办。

清《雅州府志》·卷十五·外记："蒙顶山寺僧满训，晓阴阳术数。咸丰间，

开园仪式

贡茶忽枯一株，僧告令开园焚香诵经，朝暮以龙井（古蒙泉）水灌濯，一日忽活。"后又载："物产·名山县，仙茶产蒙顶上清峰甘露井侧，叶厚而圆，色紫味略苦，春末夏初始发，苔藓庇之，阴云覆焉。相传甘露祖师自岭表携灵茗植五顶，至今上清峰仅八小株，七株高四五寸，一株高仅尺二三寸，每岁摘叶止二三十片，常用栅栏封锁。其山顶土止寸许。故茶自汉到今不长不灭。"

采摘寺院所用庙产茶叶

清代赵懿《蒙顶茶说》："名山之茶美于蒙，蒙顶又美之，上清峰茶园七株又美之。世传甘露慧禅师所植也。二千年不枯不长，其茶叶细而长，味甘而清，色黄而碧，酌杯中香云蒙覆其上，凝结不散，以其异，谓曰仙茶。每岁采贡三百三十五叶，天子郊天及祀太庙用之。园以外产者，曰陪茶。相去十数武，菱角峰下曰菱角湾茶，其叶皆较厚大，而其本亦较高。岁以四月之吉祷采，命僧会司，领摘茶僧十二人入园，官亲督而摘之。尽摘其嫩芽，笼归山半智矩寺。"

至今，蒙山上皇茶园七株仙茶尚存，周围五峰老茶园得到保护，几百年近千年的古茶树零星分布，老茶树、老茶园还有1 200亩（1亩 ≈ 667平方米，15亩=1公顷，全书同）左右。

第三节　文献史料

汉至清代，记载蒙顶山茶的文献资料非常多，仅现可查证的有100余篇，现摘其与黄茶及历史有关的如下。

蜀雅州蒙顶茶受阳气全，故芳香。（东汉·佚名《巴郡图经》）

蒙山者，沐也，言雨露常蒙，因以为名。山顶受全阳气，其茶芳香。（晋·乐资《九州志》）

严道县，蒙山在县南十里，今岁贡茶，为蜀之最。[唐·李吉甫（813年）《元和郡县图志》卷三十二]

风俗贵茶，茶之品名益众，剑南有蒙顶石花，或小方，或散芽，号为第一。[李肇（825年左右）《唐国史补》卷下]

《唐国史补》

《膳夫经手录》
唐·杨晔（825年）

新安茶，蜀茶也，与蒙顶不远，但多而不精，地亦不下。故析而言之，尤可以首冠诸茶。春时，所在吃之皆好，及将他处，水土不同或滋味殊于出处。惟蜀茶南走百越，北临五湖，皆自固其芳香，滋味不变。由此尤可重之。自谷雨以后，岁取数百万斤。散落东下，其为功德也如此。

蒙顶始，蜀茶得名蒙顶也。元和以前，束帛不能易一斤先春蒙顶，是以蒙顶前后之人，竟栽茶以规厚利。不数十年间，逐斯安草市岁出千万斤。虽非蒙顶，亦希颜之徒。今真蒙顶有鹰嘴芽白茶，供堂亦未尝得其上者。虽难得如此，又尝具书品，论展陆笔工，以为无等，可居第一。蒙顶之列茶间，展陆之论，又不足论也。

湖顾渚，湖南紫笋茶，自蒙顶之外，无出其右者。

《茶谱》
五代十国·后蜀（934—965年）毛文锡（935年左右）

雅州百丈、名山二者尤佳。

……

蜀之雅州有蒙山，山有五顶，顶有茶园，其中顶曰上清峰。昔有僧病冷且久，尝遇一老父，谓曰：蒙之中顶茶，尝以春分之先后，多构人力，俟雷之发声，并手采摘，三日而止。若获一两，以本处水煎服，即能祛宿疾。二两当眼前无疾。三两固以换骨。四两即为地仙矣。是僧因之中顶筑室以候。及期获一两余。服未竟而病瘥。时到城市。人见其容貌，常若年三十余，眉发绿色。其后入

《名山县志》之"蒙顶仙茶"

青城访道，不知所终。今四顶茶园，采摘不废。惟中顶茶木繁密，云雾蔽亏，鸷兽时出，人迹稀到矣。今蒙顶有露锴芽、筷芽，皆云火前，言造于禁火之前也。

蒙山有压膏露芽，不压膏露芽，并冬芽，言隆冬甲折也。

雅州蒙顶茶其生最晚，春夏之交，有云雾覆其上，若有神护持之者……

蒙顶有研膏茶，作片进之，亦作紫笋。

……剑南蒙顶石花、露锴芽、筷芽。

……

眉州洪雅、昌阖、丹棱，其茶如蒙顶制茶饼法。其散者叶大而黄，味颇甘苦，亦片甲、蝉翼之次也。

临邛数邑，茶有火前、火后、嫩叶、黄芽号。又有火番饼，每饼重四十两，入西番党项重之。如中国名山者，其味甘苦。

《茗荈录》

宋·陶谷（970 年）

圣扬花

吴僧梵川，誓愿燃顶供养双林傅大士，自往蒙顶采茶，凡三年味方全美。得绝佳者圣扬花、吉祥蕊，共不逾五斤持归供献。

宋《太平寰宇记》

乐史（987 年）

宋《太平寰宇记》

剑南西道

……

雅州土产茶，名山县蒙山在县西七十里……。山顶受全阳气，其茶香芳。按茶谱云，山有五岭，岭有茶园，中顶曰上清峰，所谓蒙顶也，为天下所称。

《新唐书》地理志　贡茶

宋　欧阳修、宋祁等（1060 年）

雅州芦山郡：蒙顶贡茶

《东斋记事》

宋范镇（1007—1088 年）

卷四

蜀之产茶凡八处：雅州之蒙顶，蜀州之味江，邛州之火井，嘉州之中峰，彭州之棚口，汉州之杨村，绵州之兽目，利州之罗村。然蒙顶为最佳也。其生最晚，常在春夏之交，其芽长二寸许，其色白，味甘美。而其性温暖，非他处之比。蒙顶者，书所谓蔡蒙旅平者也。李景初与予书言，方茶之生，云雾覆其上，若有神物护持之。其次罗村，茶色绿而味亦甘美。

《晁氏客话》

宋　晁说之（1098 年）

雅州蒙山常阴雨，谓之漏天，产茶极佳。味如建品。纯夫有诗云：漏天常泄雨，蒙顶半藏云，为此也。

《古今合璧事类备要别集》
宋 虞 载

蒙山露芽

蜀雅州蒙山顶有露芽谷芽，皆云火前者，言采造于禁火之前也，火后者次之。

《舆地纪胜》
南宋 王象之

西汉时有僧从岭表来，以茶实值蒙山，忽一日隐池中，乃一石像，今蒙顶茶，擅名师所植也，至今呼其石像为甘露大师。

《斋天科仪》
（正一派道教科仪）

献茶揭

夫茶者，武夷玉粒，蒙顶春芽。烹成蟹眼雪花，煮作龙团凤髓，癸天天鉴亨地表，以此春茗。雀舌遇先春，长蒙山有味香馨。竹炉烹出，沸如银满，泛玉瓯缶樽。斋官托在金盘内，虔诚奉献，奉献天颜诸仙。台上见丹忱，福沛与门庭。

《文献通考》（卷 18《征榷考》）
元 马端临

四川茶

自熙丰来，蜀茶官事权出诸司之上，而其富亦甲天下。时以其岁剩者上供。旧博马皆以粗茶。乾道末，始以细茶遣之。然蜀茶之细者，其品视南方已下。惟广汉赵坡，合州之水南，峨眉之白芽，雅安之蒙顶，士人亦珍之。然所产甚微，非江建比也。

《四川总志》

明　吴之皞　杜应芳

土产

蒙顶茶《图经》云：此茶受阳气全，故芳香，出名山。

《本草纲目》

明　李时珍

果部·第三十二卷

集解

大约谓唐人尚茶，茶品益众，有雅州之蒙顶石花、露芽、谷芽为第一。

真茶性冷，惟雅州蒙山出者温而主疾。毛文锡茶谱云：蒙山有五顶，上有茶园，其中顶曰上清峰。昔有僧人病冷且久，遇一老父谓曰：蒙之中顶茶，当以春分之先后，多构人力，俟雷发声，并手采择，三日而止。若获一两，以本处水煎服，即能祛宿疾，二两当眼前无疾，三两能固肌骨，四两即为地仙矣。

《本草纲目》果部·第三十二卷

其僧如说，获一两服之，未尽而疾瘳。其四顶茶园，采摘不废。惟中峰草木繁密，云雾蔽亏，鸷兽时出，故人迹不到矣。近岁销贵此品，制作亦精于他处。

《杨慎记》

明　杨　慎

名山之普惠大师，本岭表来，流寓蒙山。按碑，西汉僧理真，俗姓吴氏，修活民之行，种茶蒙顶，殁化为石像，其徒奉之，号甘露大师。水旱、疾疫祷必应。宋淳熙十三年（1186年），邑进士喻大中，奏师功德及民，孝宗封甘露普惠妙济大师，遂有智矩院。岁四月二十四日，以隐化日，咸集寺荐香。宋元各有碑记，以茶利由之兴焉。夫啜茶，西汉前其名未见，民未始利之也。浮屠自东汉入中国，初犹禁民不得学。

《群芳谱》
明　王象晋（1621年）

近世蜀之蒙山，每岁仅以两计。苏之虎丘，至官府预为封识，已为采制。所得不过数斤。岂天地间尤物，生固不数，数然耶。

蜀之雅州蒙山顶有露芽、谷芽，皆云火前者，言采造于禁火之前也。火后者次之。一云雅州蒙顶茶，其生最晚，在春夏之交，常有云雾覆其上，若有神物护持之。又有五花茶者，其片作五出花。

《事物绀珠》
明　黄一正（1591年）

茶类

今茶名，茶。成汤作。茗，茶晚取者。山茶，出蜀蒙山顶，在唐以为仙品，难得。雷鸣茶，出雅州蒙顶山。……（以上共九十六个除蒙山二行排列在前，其余略）。

古制造茶名

五花茶，片作五出花。薄片，出渠江一斤八十枚。圣扬花、吉祥蕊上品。石花。石苍压膏。露芽。不压膏芽。井冬芽。谷芽。以上八者出蒙顶。

……

玉液长春、万春银叶、龙苑报春，以上三者宣和茶。（古制茶一百零一，蒙顶茶占八个）

《茶史》
清　刘源长（1677年）

茶之名产

圣扬花　双林大士自往蒙顶结庵种茶，凡三年，得极佳者曰圣扬花。

禅智寺茶　《茶谱》：扬州禅智寺，隋之故宫。寺枕蜀岗，有茶园，其味甘香，媲美蒙顶。

四川

上清峰茶。雅州古严道西，魏曰蒙山，隋曰临邛，唐宋曰雅州。蜀之雅州有蒙山。山有五顶，各有茶园，其中顶曰上清峰，茶最难得。俟雷发声，始得采之，方生时，曾有云雾覆之如神护。

雾钱芽、钱芽、露芽、石花、小方、散茶，造于禁火之前，又有谷芽，皆为第一等茶。

五花茶、云茶即蒙顶茶，五花其片五出，蒙山白云岩产，故名曰云茶。《图经》云，蒙顶茶受阳气全，故香。李德裕入蜀，得蒙饼，沃于汤瓶上，移时尽化者乃真。蒙顶茶，多不能数斤，极重于唐，以为仙品。蒙山属雅州名山县，有五峰，前一峰最高曰上清峰产甘露。《禹贡》蔡蒙旅平即此，蔡山属雅州。旅平，旅祭告平也。

《四川通志》
清　查郎阿　张晋生　雍正十一年（1733 年）

物产

雅州府：仙茶　名山县治之西十五里，有蒙山，其山有五岭，形如莲花五瓣，其中顶最高名曰上清峰，至顶上略开一坪，直一丈二尺，横二丈余，即种仙茶之处。汉时甘露祖师姓吴名理真者手植，至今不长不灭，共八小株。其七株高仅四五寸，其一株高尺二三寸。每岁摘茶二十余片。至春末夏初始发芽，五月方成叶，摘采后其树即似枯枝，常用栅栏封锁。其山顶土仅深寸许，故茶不甚长，时多云雾，人迹罕到。书曰蔡蒙旅平即此山与府城东蔡山也。

……

物产

名山县：仙茶产蒙顶上清峰甘露井侧，叶厚而圆，色紫味略苦，春末夏初始发，苔藓庇之，阴云覆焉。相传甘露祖师自岭表携灵茗植五顶，至今上清峰仅八小株，七株高四五寸，一株高仅尺二三寸，每岁摘叶止二三十片，常用栅栏封锁。其山顶土止寸许。故茶自汉到今不长不灭。蔡襄歌"蒙芽错落一番风"，白乐天[①]诗"茶中故旧是蒙山"。郑谷诗"蒙顶茶畦千点雾"。文彦博诗"露芽云液胜醍醐[②]"。吴中复诗："蒙山之巅多秀岭，恶草不生生淑茗"。

《雅州府志》
清 乾隆四年（1739 年）

卷之五

茶政

龙团雀舌，齿颊流芳。仙种灵根，菁芬妙品。宜王褒有武阳之买，而张载重
孙楚之诗也，岂惟内地资其啖啜，边徼尤倚为性命。则茶之有关于地方大矣。矧
雅州孔道直达西炉，其间引目之增减，课税之抽添裕国通商，尤大费庙堂之硕画
者乎。志茶政。

《退笔录》
清·沈廉（1734 年）

成都名山县蒙顶茶，一名仙茶。雷发声时始吐芽，故又名雷鸣茶。宋时一老
僧结茆山顶，有痼疾，当此茶而愈。遂传于世。然山高八十里，在云雾中，虎狼
最多，取之甚难，今已止存半树。名山令因此为累。每年采送至上台，贮以银
盒，亦不过两许。其矜贵如此，余皆取半山所植，名陪茶，以备远方有力来购
者。方伯刘公汲浣花江水试之。茶色白而清芬。沁于齿颊，迥异常茗。继又得巫
山营刘游击送三峡泉，一时具此双美，可为两川宦游佳话。

《养吉斋丛录》
清 吴振棫

宣宗时，四川贡仙茶二银瓶，陪茶二银瓶，菱角湾茶二银瓶，名山县二
银瓶。

《名山县志》卷二：山原
清 赵 懿 光绪十八年（1892 年）

蒙山，境内之镇山也。唐改曰始阳山，在城西北十五里，山高数千仞，绵亘
不可以里计。……山顶五峰，中曰上清峰，左曰菱角峰、灵泉峰，右曰甘露峰、
毗罗峰。五峰酷肖莲花，苍秀勃郁，中为禁护贡茶七株，即甘露慧禅师手植蒙顶

茶也。自汉迄今，不枯不长，谓曰仙茶。七株外曰陪茶，曰菱角湾茶，亦随计贡。旁有甘露井，即禅师示寂处。今封以石，不可启动，动则雷雨立至，为祈祷之所。

《舆地纪胜》："西汉时，有僧从岭表来，以茶实植蒙山，忽隐池中，乃一石像，今蒙顶茶，擅名师所植也。至今呼其石像为甘露大师。"又引王庠《蒙顶茶记》："《唐志》，贡茶之郡十有六，剑南唯雅州一郡而已。"又引《雅州志》："蒙山属名山县，山有五顶，前一峰最高，曰上清峰，有甘露茶，山上常有瑞相影现，又有蒙泉。"……

第二章

自然环境和栽培技术

第一节　自然条件

一、区　域

　　蒙顶黄芽产于四川省雅安市名山区。名山区位于成都平原西南边缘，地理位置北纬 29° 58′ ～ 30° 16′，正好是神奇的北纬 30°，中国最宜名优绿茶区带，东经

"众山罗列，一江环绕"的名山地形

103° 02′ ～ 103° 23′，面积 614.27 平方千米，辖 9 镇 11 乡（2019 年 10 月后为 11 镇 2 个街道办），东距成都 90 千米，西临雅安 13 千米。蒙顶山脉自邛崃天台山派生，与莲花山相连，横跨名山区、雨城区、芦山县和邛崃市。名山境内，起于名建桥，过鸳鸯桥经孙家山、蒋家山、王家湾至蒙山顶，再经花鹿池、净居寺、圣水寺、千佛寺、名雅桥至金鸡桥，呈扇形山脉。蒙山，具有悠久的历史和丰富的人文、自然资源。

蒙山，亦名蒙顶山，自古天下名山之一，名山区（县）因此得名。蒙山，距治城蒙阳镇西部 7.5 千米山脉，山体长 10 余千米，宽约 4 千米，北高南低呈带状，主峰海拔高 1 456 米。山顶五峰环列，中曰上清，左曰菱角、灵泉，右曰甘露、毗罗（蒙山旅游开发后，曾改名"玉女"峰），状若莲花，巍峨耸秀，宛如莲花初绽，五指擎天。阳光漫射，所产之茶，色翠明亮，香味持久，享有"仙茶"之誉，自古以来，被世人奉为珍品。

二、气　候

属亚热带季风性湿润气候区，冬无严寒，夏无酷暑，雨量充沛，终年温暖湿

四季常青　烟雨蒙蒙

润。年均气温 15.4℃，最高气温 35.2℃，年均降水量 1 500 毫米左右，225 个雨雾日，夜雨占 80%，年均无霜期 298 天，年均日照 1 018 小时，年均相对湿度 82%，森林覆盖率 53%。蒙山山名，来源于常年"雨雾蒙沐"的自然景象。清代徐元禧一首竹枝词这样描述雨雾雅安蒙山"漏天难望蔚蓝明，十日曾无一天晴，刚得曦阳来借照，阴云又已漫空生"。特别是蒙顶山降水量 1 500～2 086 毫米，降雨天 190 天，白天降雨 601 毫米，夜晚降雨 1 485 毫米，雨雾天气平均 250 天，可谓"雅安天漏，中心蒙顶"。蒙顶山干燥值在 0.5 左右，按茶叶生产规律是出名优茶的最佳湿度。

三、海　拔

川西平原向青藏高原急剧上升的过渡地带，海拔山底 600 米到最高处 1 456 米，多数茶园在 800 米左右，真正的高山茶区，正是高山云雾出好茶。

四、地　形

受西南季风影响，蒙顶山气候属暖温带潮湿气候类型；蒙顶山与周公山隔青

生态茶园，云雾缭绕

青衣远眺，蔡蒙旁峙

衣江相守望，呈"两山夹一江"地形地貌、小气候对水气循环的影响，蒙顶山是最适产茶小气候环境。

五、土 壤

土壤主要为棕壤和部分黄壤，磷钾含量高，均是茶树优质土壤，土层肥厚，一般在 100 厘米以上，有机质 3%～5%，pH 值 4.5～5.5，土质肥沃，不砂不黏，表土轻壤、疏松，耕作、保水、保肥性能良好，历史上有名的蒙山贡茶就出在此种土壤中。

六、生 态

名山区森林覆盖率 53%，蒙顶山达 80% 以上，绿化率达 100%，植被茂盛，还留存了部分原始森林，水质、空气达国家一级标准，生态条件极好，是国宝大熊猫的栖息地。雅安名山还被誉为"熊猫家园""天府之肺"。

名山区良好的地理环境和独特的气候条件，为茶树的生长和茶叶优良品质奠定了坚实基础，蒙山茶品质优异，色淡、香浓、味长、性温，名扬天下。李时珍《本草纲目》论："真茶性冷，惟雅州蒙山出者温而主疾。"蒙顶黄芽呈现典型的

青山绿水，林密气清

温性特征。具体表现在：芽壮、叶肥、色绿、芽叶持嫩性强、多茸毛；干茶中内含物质丰富（味浓）、茶多酚脂型儿茶素含量低（味醇）、可溶性糖含量高（味甘）、氨基酸和芳香族物质较多（味鲜、香高）。

据中国农业科学院茶叶研究所化验分析，蒙山茶内含物质非常丰富，水浸出物总量43.47%，其中含茶多酚28.91%，氨基酸4.85%，可溶性糖2.13%，维生素C含量为每100克茶含有202～259毫克。常饮可提神、醒脑、清热、生津、利尿、健胃、消脂、强心、主降低冠心病发病率、延缓衰老。能解除酒食、油腻及烧炙之毒；对治疗气管炎、肾炎、慢性肝炎和血癌有一定的辅助功效。

名山区以蒙顶山为龙头，以百公里百万亩茶产业生态文化旅游经济走

苍翠欲滴，茶园飘香

廊为龙身，以禅茶之乡蒙山村、酒香茶乡城东乡、骑游茶乡红草坪、科普茶乡牛碾坪、水韵茶乡茅河镇、梯田茶乡骑龙岗、浪漫茶乡月亮湖7个组团，带动沿线茶叶企业、茶家乐和茶农发展茶旅经济，在全区建成目前全国唯一的国家茶叶公园——"蒙顶山国家茶叶公园"。

第二节　蒙顶黄芽产区

名山区全境蒙顶山镇、蒙阳镇、新店镇、百丈镇、黑竹镇、万古乡、茅河乡、建山乡、廖场乡、中峰乡、城东乡、永兴镇、红岩乡、前进乡、车岭镇、双河乡、红星镇、马岭镇、解放乡、联江乡共20个（乡）镇、192个村及雨城区

生态茶园　春来吐蕊

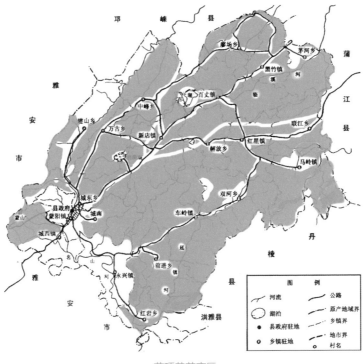

邛 崃 县

雅 安 市

蒲 江 县

丹 棱 县

雅 安 市

洪雅县

廖场乡
茅河乡
黑竹镇
百丈镇
中峰乡
联江乡
建山乡
万古乡
新店镇
红星镇
解放乡
马岭镇
城东乡
双河乡
县政府
蒙阳镇 城南
车岭镇
蒙山
城西镇
前进乡镇
永兴镇
名山河
红岩乡

图 例

河流　　　　　公路
湖泊　　　　　原产地域界
县政府驻地　　乡镇界
乡镇驻地　　　地市界
　　　　　　　村名

蒙顶黄芽产区

名山区标准化茶园

碧峰峡、陇西乡均适宜种茶。宜做蒙顶黄芽茶的除选择茶树品种和季节要求外，境内蒙山、莲花山、总岗山区普遍较好。

第三节　茶树品种

适制蒙顶黄芽的茶树品种有：川茶群体种、蒙山九号、名山早311、铁夹子茶、郁金香等。

一、川茶群体种

蒙顶山老川茶茶园（徐伟摄）

也称为小叶元茶。是蒙顶山地区原生种各类茶树的总称，树非常杂，均为灌木型、半灌半乔型，中小叶种。发芽有先后，色泽差异大，因是种播或私生茶树，因此扎根深，品种抗性强。所制之茶外形花杂，但均香高味浓、回味绵长。制作黄茶甜香、馥郁、厚重。川茶群体种，已所存不多，全区主要分布在蒙顶山、莲花山及中峰、万古、双河等山区，面积在1.5万亩左右，是蒙顶黄芽传统制作技艺常采用的原料。

二、蒙山九号

1976年春，在蒙山永兴寺大生产茶园中，根据茶树丰产优质相关性初选的30个单丛之一，该品种属灌木，属灌木大叶型中生种，抗逆性强，产量高于福鼎大白茶41.51%～67.92%；多数生化成分如茶多酚、儿茶素、可溶性糖、咖啡因、水浸出物均高于福鼎大白茶。制成绿茶，滋味浓厚鲜醇。栗香高长，带花香，水浸出物含量49.16%，耐冲泡，属于优质绿茶品种，最宜制作蒙顶甘露，制作蒙顶黄芽：色嫩黄、花果香、味甘甜。在四川盆周山区海拔1 000～1 200米种植无冻害反应，可在全省推广。

三、名山早311

选自双河乡云台村，从本地古老川茶群体中系统分离单株选育而成。属灌木、中叶、特早芽种，名茶采摘期较福鼎大白茶早 5～8 天。发芽整齐，持嫩多毫，密度大，比福鼎大白茶增产 38.8%；鲜叶生化成分分析，氨基酸含量比福鼎大白茶高 16.7%，酚氨比为 7.73（福鼎为 7.82）。制成绿茶，条索紧细，绿润多毫，香气清香带栗香，汤色黄绿，滋味鲜醇，适制名优高档绿茶，属浓香型风格；适应性广、抗逆性强，宜在全川各茶区推广，特别适合名茶区种植。1997年，通过四川省农作物品种审定委员会审定为"四川省级优良绿茶良种"。

四、蒙山5号

名山茶良场与四川农业大学从名山总岗山中小叶群体种中选育，小乔木、早生、中叶种，树姿势半开张，芽头粗壮，春季春梢淡黄色，发芽多，长势旺盛，抗寒、抗旱性强，适制红茶、绿茶，口感清爽回甘。适宜在四川海拔800～1 200米的山区种植，春、秋均可移栽茶苗。

五、铁夹子茶

是川茶群体种最独特的一个品系，小乔木，中生，小叶种，树姿势半开张，芽头粗壮，春季春梢淡黄色，发芽多，长势旺盛，抗寒、抗旱性强，适制名优黄茶、绿茶，香气高扬口感清爽回甘。据传为原贡黄茶所选用原料。适宜在四川海拔800～1 200米的山区种植。

铁夹子茶树

川茶群体种（左：茶苗；右：茶芽）

蒙山九号（左：茶苗；右：茶芽）

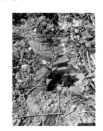

名山早 311（左：茶苗；右：茶芽）

蒙山 5 号（左：茶苗；右：茶芽）

铁夹子茶（左：茶苗；右：茶芽）（高先荣　摄）

第四节　栽培管理

一、基地选择

选择生态环境好、空气清新、水源清洁、距公路一定距离，远离工业区或化工厂、垃圾场、土壤未受污染的地区。

二、栽培技术

开沟：宽 60 厘米、深 40 厘米以上，按每亩施入有机肥 3 000 千克以上，钙镁磷肥 20～50 千克，与土壤拌匀，再回填表土至植茶行高出地面 5 厘米以上，培细土壤。

定植：春季宜在 2 月下旬前，秋季定植宜在 9 月中旬至 11 月上旬。采用双行单株条植，大行距 150～180 厘米，小行距 40 厘米，株距 20～33 厘米，3 600～5 000 株 / 亩。

三、茶园管理

（一）修　剪

定型修剪：栽种 1～3 年的幼龄茶园，为培养树冠需进行的技术手段，一般分 3 次完成，剪口要光滑。

轻修剪：轻修剪的对象是生产茶园和已完成 3 次定型修剪的茶园。在每年茶季结束或春茶结束后进行，修剪的深度 3～5 厘米，以剪去树冠面突出枝、不成熟新梢，达到采摘面平整为度。

深修剪：当茶园经过多年采摘和轻修剪，树冠面分枝细弱，树势衰退或产量和品质明显下降时，应进行深修剪。

重修剪：适用半衰老或未老先衰茶树，但下部骨干枝尚可的茶园改造。

台刈：台刈适用于树势衰败，产量很低的茶园改造。

（二）施　肥

使用绿色食品生产中推荐肥料种类，允许有限度地使用绿色食品原料生产认

花香茶海

证的部分化学合成肥料；禁止使用硝态氮肥；化肥必须与有机肥配合施用；施肥与耕除相结合，必须开沟施肥，采用有机肥与无机肥相结合，重施有机肥；基肥与追肥相结合，重施基肥。

（三）采 摘

按照"标准、早采、分批、多次"的采茶原则。

当茶园蓬面上有3%～5%芽梢符合采摘标准时开采，采摘全单芽。

不采摘病虫芽、露水芽、紫色芽、瘦弱芽、空心芽。

（四）病虫害综合防治技术

采用农业、物理、生物和化学综合防治。使用高效、低残留农药及其复配剂，严格遵守安全间隔期进行采茶，保证茶叶中的农药残留量不超标。

1. 农业防治

换种改植或发展新茶园时，选择抗性强的茶树品种；及时采摘，创造不利于危害芽叶的病虫的食物源环境；适时中耕除草，合理施肥、修剪、疏枝清园，以减少病虫来源。

2. 物理防治

采用人工捕杀，减轻茶毛虫、茶尺蠖、蓑蛾类等害虫危害；利用害虫的趋性，进行灯光诱杀、色板诱杀或异性诱杀。

3. 生物防治

保护和利用草蛉、瓢虫、蜘蛛、捕食螨、寄生蜂等有益生物；有条件的使用生物源农药，如微生物源农药、植物源农药和动物源农药。

4. 化学防治

使用政府和相关部门推荐的安全高效低毒农药。宜一药多治或农药的合理混用、轮用，防止病虫的抗药性。宜低容量喷雾，注意喷药质量，控制农药对天敌的伤害和环境污染。

独特的加工工艺

黄茶是以茶树的芽、叶、嫩茎为原料，经杀青、揉捻、闷黄、干燥等生产工艺制成的产品。黄茶是我国特有的茶类，属于轻发酵茶类，它的最主要特点是"黄汤黄叶"。黄茶的制作与绿茶有相似之处，不同点是多一道闷黄、包黄或堆黄工序，这个黄化过程，是黄茶制法的主要特点，也是它同绿茶、红茶、青茶等的基本区别。黄茶品质要求"三黄"，即干茶色泽谷黄、汤色浅黄、叶底黄亮，甜香醇和绵长的特点，这是制茶过程中进行黄化的结果。

第一节　黄韵蜜香

蒙顶黄芽以"蒙顶山茶"高山区和宜制品种的早春单芽为原料，采用三包十三道工序的闷黄工艺，炒闷湿热的综合作用变化制成，其外形特点是扁、平、直，形状完整，色泽嫩黄油润，全芽披毫，茶品具有干茶色泽嫩黄油润、汤色绿黄、叶底嫩黄明亮和甜香醇和、厚重绵长的特点，香气中以甜香带栗香为主，略带花蜜甜香，构成蒙顶黄茶"黄韵蜜香"的品质特征。蒙顶黄芽为黄茶名优茶之极品。用一首诗来描写品质特征。

早春芽头须三闷，品呈三黄有特征。

扁平直匀甜香醇，黄韵蜜香天下珍。

黄变的实质主要是：不发酵则成绿茶，全发酵则成红茶，这就要掌握好制作蒙顶黄茶的闷黄技术，形成独特的品类风味。茶叶加工中，绿叶变黄对绿茶来说是品质下降问题，而对黄茶来说，则要创造条件促进黄变，产生与其他茶类不同的色泽、香气和滋味，这就是黄茶制造的要求和特点。

书法家姜永智题字

形成蒙顶黄芽品质的主导因素是热化作用。热化作用有两种：一是在水分较多的情况下，以一定的温度作用之，称为湿热作用；二是在水分较少的情况下，以一定的温度作用之，称为干热作用。在黄茶制造过程中，这两种热化作用交替进行，从而形成黄茶独特品质。研究黄茶堆积闷黄的实质：湿热引起叶内成分一系列氧化、水解的作用，这是形成黄叶黄汤，滋味醇浓的主导方面；而干热作用则以发展黄茶的香味为主。

第二节　黄茶标准

1987年、1988年，由四川省农牧厅经作处、四川省茶叶标准化技术委员会、国营名山县茶厂、国营蒙山茶场、名山县茶叶研究所、四川农业大学园艺系制茶教研室等起草制定四川省茶叶地方标准。1989年，四川省标准计量管理局发布。含《蒙顶石花、蒙顶黄芽、蒙山春露》《四川名茶——蒙顶甘露、万春银叶、玉叶长春》《四川省名茶指标检验方法》。

1998年，县农业局、质量技术监督局、茶叶研究所，杨天炯、杨显良、吴祠平等起草制定，名山县技术监督局以DB 513122／T01-04发布《四川省名山县农业标准（茶叶标准体系）》，适用于名山茶树栽培、加工工艺、产品标准、卫生标准、检验方法和包装运输等内容，从1999年1月1日实施。

2001年，四川省质量技术监督局提出，中国标准化协会、名山县蒙山茶原产地域产品保护办公室、名山县茶叶研究所杨天炯、张秀春、杨显良、闵国玉、杨红、夏家英、李廷松等起草标准，2002年3月5日，国家质量监督检验检疫总局发布GB 18665—2002《蒙山茶》（国家标准），为国家强制性标准，规定蒙山茶原产地域产品术语和定义、原产地域范围、产品分类、要求、试验方法、检验规则、标志、标签及包装运输贮存。2002 年 6 月 1 日起实施。经过几年努力，2008 年 6 月 17 日，国家质量监督检验检疫总局和国家标准化管理委员会发布中华人民共和国国家标准 GB/T 18665—2008《地理标志产品——蒙山茶》，（表 3-1），替代 GB 18665—2002《蒙山茶》。2008 年 12 月 1 日开始实施，该标准为推荐性标准。国家标准的出台和实施，解决了全县生产销售中存在茶叶标准不统一问题，为实施蒙顶山茶地理标志产品保护、打造公用品牌奠定了基础。2010 年初，中国茶叶流通协会委托雅安市茶业协会制定《蒙山茶》国家标准样品。2016 年又再制作了部分标准样。

蒙顶黄芽

蒙顶黄芽的成品、茶汤和叶底

表 3-1　黄茶的感官品质要求

种　类	外　形				内　质			
	形状	整碎	净度	色泽	香气	滋味	汤色	叶底
芽　型	针型或雀舌型	匀齐	净	杏黄	清鲜	甘甜醇和	嫩黄明亮	肥嫩黄亮
芽叶型	自然型或条形、扁形	较匀齐	净	浅黄	清高	醇厚回甘	黄明亮	柔嫩黄亮
大叶型	叶大多梗、卷曲略松	尚匀	有梗片	褐黄	纯正	浓厚醇和	深黄明亮	尚软、黄尚亮

　　2019 年年底，蒙山茶国家标准制修订编制小组计划在蒙顶山茶行业标准中，黄茶类分类制定出了蒙顶山黄芽、蒙顶山黄毛尖、蒙顶山黄毛峰、蒙顶山黄金

叶、蒙顶山黄珍眉、蒙顶山黄大茶、蒙顶山紧压茶标准，进入征求意见阶段，待审批发布实施后，将有利于蒙顶黄芽的标准化发展和壮大。

一、传统特色名黄茶

（一）蒙顶黄芽工艺流程

鲜叶摊放→炒青→初摊放→初炒→包黄→复炒→堆黄→理压条→整形→烘干→分选→拼配→烘焙提香→定量装箱入库。

（二）蒙顶山黄毛尖工艺流程

鲜叶摊放→炒青→初摊放→初揉→复炒→初堆黄→初干（热风或微波）→复摊黄→烘干→分选→拼配→烘焙提香→定量装箱入库。

（三）蒙顶山黄毛峰工艺流程

鲜叶摊放→炒青→初摊放→初揉→复炒→初堆黄→复揉→初干（热风或微波）→复摊黄→烘干→分选→拼配→烘焙提香→定量装箱入库。

二、特色优质黄茶

（一）蒙顶山黄金叶工艺流程

黄金叶摊放→炒青→初摊放→轻揉→初理条→初堆黄→复理条→复摊黄→初烘→分选→拼配→提香→定量装箱入库。

（二）蒙顶山黄珍眉工艺流程

鲜叶摊放→炒青→初摊放→初揉→复炒→初堆黄→复揉→连续滚炒→再堆黄→初干（滚炒）→冷却→筛分→风选→拣梗→拼配→烘焙提香→定量装箱入库。

（三）蒙顶山黄大茶工艺流程

鲜叶摊放→炒青→初摊放→初揉→复炒→初堆黄→复揉→复摊黄→三炒→三揉→初干（烘或炒）→筛分→风选→拣梗→拼配→烘焙提香→定量装箱入库。

（四）蒙顶山紧压黄茶工艺流程

鲜叶摊放→炒青→初摊放→初揉→复炒→初堆黄→复揉→复摊黄→初干（热风或微波）→拼配→压制成形→脱模→烘房干燥→质验→包装装箱入库。

第三节 工艺作用

一、杀青对黄茶品质的影响

黄茶杀青原理目的与绿茶基本相同，但黄茶品质要求黄叶黄汤，因此杀青的温度与技术就有其特殊之处。

杀青锅温较绿茶锅温低，一般在 120～150℃。杀青采用多闷少抖，造成高温湿热条件，使叶绿素受到较多破坏，多酚氧化酶、过氧化物酶失去活性，多酚类化合物在湿热条件下发生自动氧化和异构化，淀粉水解为单糖，蛋白质分解为氨基酸，为形成黄茶醇厚滋味及黄色品质奠定了物质基础。

二、闷黄对黄茶品质的作用

闷黄是形成黄茶品质的关键工序。依各种黄茶闷黄先后不同，分为湿坯闷黄和干坯闷黄。

湿坯闷黄在杀青后或热揉后堆闷使之变黄，由于叶子含水量高，变化快。沩山毛尖杀青后热堆，经 6～8 小时，即可变黄。平阳黄汤杀青后，趁热快揉重揉堆闷于竹篓内 1～2 小时就变黄。北港毛尖炒揉后，覆盖棉衣，半小时，俗称"拍汗"促其变黄。

干坯闷黄由于水分少，变化较慢，黄变时间较长。如君山银针，初烘至六七成干，初色 40～48 小时后，夏烘至八成干，复色 24 小时，达到黄变要求。黄大茶初烘七八成干，趁热装入高深口小的篓篮内堆闷，置于烘房 5～7 天，促其黄变。霍山黄芽烘至七成干，堆积 1～2 天才能变黄。

总之，尽管各类黄茶堆积变黄有先有后，方式方法各有不同，时间长短不一，但都是闷黄过程，这就是黄茶制法的特殊性。

黄茶的闷黄是在杀青基础上进行的，虽然杀青温度要求达到能破坏茶叶细胞酶的活性，从而阻止酚类化合物的酶性氧化。杀青初期和杀青后残余酶作用是短暂和有限的，起主导作用的是湿热的作用促进叶内化学成分变化。

在闷黄过程中，由于湿热作用，多酚类化合物总量减少很多，特别是酯型儿茶素大量减少，由于这些酯型儿茶素的氧化和异构化，改变了多酚类化合物的苦涩味，形成黄茶特有的金黄色泽和较绿茶醇和的滋味。

闷黄过程中，多酚类物质总量减少很多，但水溶性部分减少得较少，这说明多酚类化合物在热的作用下，酶性氧化与酶促氧化不同。杀青后，叶内蛋白质凝固变性与多酚类化合物的氧化产物——茶红素的结合力减弱，从而保留较多的可溶态多酚类化合物。

此外，叶绿素在杀青、闷黄过程中大量破坏和分解而减少，叶黄素显露，这是形成黄茶黄叶的一个重要变化。

三、干 燥

黄茶干燥分两次进行。毛火采用低温烘炒，足火采用高温烘炒。干燥温度先低后高，是形成黄茶香味的重要因素。

堆积变黄的叶子，在较低温度下烘炒，水分蒸发得慢，干燥速度缓慢，多酚类化合物的自动氧化和叶绿素变化等则在湿热作用下进行缓慢转化，促进黄叶黄汤的进一步形成。

然后用较高的温度烘炒，固定已形成的黄茶品质，同时在干热作用，使酯型儿茶素裂解为简单儿茶素和没食子酸，增加了黄茶的醇和味感。多糖转化为单糖后，氨基酸受热转化为挥发性的醛类物质，组成黄茶香气的重要组分。低沸点芳香物质在较高温度下一部分挥发，部分青叶醇发生异构化，转为清香，高沸点芳香物质由于高温作用显露出来。

传统的农户家庭茶叶加工（张强 摄）

第四节　制作技术

一、加工工具

（一）摊茶晾茶工具
篾垫、篾簸、晾青架、竹扇。

晾青架

篾簸

（二）扫茶工具
刀式棕刷。

刀式棕刷

（三）筛茶工具
篾筛、簸箕。

篾筛

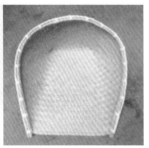

簸箕

（四）杀青工具

铁锅土茶灶（现可用电炒锅）。

茶叶加工作坊的灶台

电炒锅

（五）烘焙器具

篾制烘焙、白布、炭盆、青杠炭等。

（六）贮茶工具

黄白纸、瓷罐、生石灰（现可用茶叶食品袋）。

电烘焙

草纸与包裹

二、蒙顶黄芽加工

（一）原料要求

蒙顶黄芽原料选用清明前采摘的肥壮、实心单芽，色黄绿，茶树品种以四川中小叶种、蒙山九号等为佳。鲜叶开采于每年的春分时节，当茶树树冠上有10%左右的芽头鳞片展开即可开园，采摘到清明后10天左右。

要求芽头肥状匀齐，不用五类茶芽，即紫色芽、雨水露水芽、瘦弱芽、病虫芽和空心芽。芽头放在小竹篮里要轻采轻放，防止机械损伤。原料要及时摊放，及时加工。

标准茶芽

鲜叶摊晾

（二）加工工序

蒙顶黄芽以手工制作为主，加工工艺流程为：鲜叶摊放→杀青→摊凉→炒二青→包黄→炒三青→堆黄→四炒→干燥提毫→烘干→整理→拼配→烘焙提香→定量装箱入库。从鲜叶摊晾到干燥包装一般用时达60～72小时。

（三）制作工序

蒙顶黄芽的闷黄与其他黄茶的闷黄有所区别，蒙顶黄芽采用的是3次闷黄，即2次包黄和1次摊放。在这3个过程中，都要掌握好对温度、湿度和时间的控制。

1. 摊　放

采回的鲜叶应立即摊放在篾簸上，厚度1～2厘米，4～6小时后便可加工。

2. 杀　青

用口径60厘米的电炒锅，当锅温升至100℃左右时，涂以制茶专用油，使锅面光滑。当锅温上升至130～

抖

140℃时，投入 0.125～0.15 千克杀青叶。鲜叶下锅后，刚开始时闷炒迅速提高叶温，时间约 1 分钟，叶温达 80℃，可用棕刷帮助翻炒。然后，适当降低锅温进行抖炒，散失水分。

此后，抖闷结合，炒至杀青叶落入锅内有轻微的响声时，换为单手做形炒。方法是手掌伸直，四指并拢，拇指与四指分开，采用压、拉、抓、抖、撒等手法，用手掌在锅内从左到右，连压带拉将茶芽抓入手中，再翻手撒入锅内（边撒边抖），如此反复进行。当炒到加工叶落入锅内有较清脆的响声，茶香溢出，白毫开始显露，水分含量在 55%～58% 时，即可出锅摊凉。整个杀青时间 4～5 分钟，注意在压扁做形时，开始用力要轻。

抖

抛

包裹闷黄

3. 初　包

杀青叶出锅后迅速用草纸包好，放在保温效果好的地方，保持叶温 55℃ 左右，时间 60～80 分钟，中途翻包（将周围的芽叶翻到中间）一次，目的是使黄变均匀，并去除水分。待叶温下降至 35℃ 左右，叶色由暗绿变微黄时进行二炒。

4. 二　炒

主要目的是散失水分和做形，同

时弥补杀青不足，发展甜醇滋味。锅温 90～100℃，投叶量一般为三锅杀青叶炒二锅，开始时采用单手闷炒，约半分钟后，适当降低锅温，改为做形炒。做形的手法与杀青时基本相同，压扁时可适当用力。当炒到水分含量为 40%～45% 时，即可出锅复包。

堆积闷黄

5. 复　包

目的是进一步促进加工叶黄变，形成黄色黄汤的品质特点。包法同初包，将 50℃ 左右的二炒叶复包放置，复包时间 1～2 小时，中间翻包一次，当叶温下降至 35℃ 左右进行三炒。

6. 三　炒

目的是进一步散失水分和整理形状。锅温 70～80℃，投叶量为一锅二炒叶，加工叶下锅后不能听到爆声，手法以做形炒为主，炒到水分含量为 30%～50% 时，出锅摊凉。

7. 摊　放

目的是使叶内水分均匀分布和多酚类化合物自动氧化，达到黄色黄汤要求。方法是三炒叶出锅后，趁热摊放在竹簸箕内，厚度 6～10 厘米，然后盖上草纸，时间 24～36 小时。此阶段是检验蒙顶黄芽黄变程度的最好时期，摊放时间的长短，一般要求是能明显嗅到蒙顶黄芽特有的甜香时，方可四炒。

8. 四　炒

目的是进一步整理形状，散发水分和闷气，增进茶香。锅温 60～70℃，操作手法同三炒。炒至水分含量为 15%～20% 时，提高锅温至 80℃，闷炒 1～2 分钟后出锅摊凉。

四炒后，如果芽叶的黄变程度已达要求，摊凉冷却后，即可烘干。若黄变不足，则可再堆积摊放 10～48 小时后，视其黄变情况再进行烘干。

烘焙

9. 烘 干

烘干在烘笼（焙）中进行，每次烘 100 ～ 150 克，温度 50 ～ 60℃，采用文火慢烘，每隔 3 ～ 4 分钟翻动一次，烘至含水 5% 左右时下烘摊晾，后进行分级包装。

10. 包 装

将干茶筛去片末，按芽头肥瘦、曲直和色泽的黄亮程度进行整理分级。以芽头壮实、挺直、黄亮者为上；显瘦弱、弯曲、暗黄者次之。分小袋以黄纸包裹，再用铝制复合袋包装，密封贮藏。

除上述加工工艺外，蒙顶黄芽还可采用传统加工和机制加工。

1959 年，蒙顶黄芽的传统工艺制法为：摊放、杀青、初包、复锅二炒、复包、复锅三炒、堆积摊放、复锅整形压扁压直、烘焙干燥。

蒙顶黄芽机制加工，工艺为摊放（23 小时）、杀青（采用滚筒杀青机或微波杀青机）、晾（30 分钟左右）、闷炒堆积（用 70 ～ 80℃锅温闷炒 5 ～ 8 分钟后趁热堆积，并盖上白布紧压 1 ～ 3 天，视黄变情况而定）、摊凉（1 ～ 2 天）、烘干（用自动烘干机文火慢烘）、提香（在烘干机内 100 ～ 110℃快挡烘）等工序完成。

三、蒙顶黄小茶

蒙顶黄小茶，是利用一芽一叶和一芽二叶初展的鲜叶原料，按毛峰制作工艺中加入闷堆工序而成的卷曲型黄茶。

黄小茶鲜叶（贾涛 摄）

黄小茶鲜叶原料（一芽一叶）　　　　　　　　黄小茶鲜叶原料（一芽二叶）

（一）鲜叶原料

清明前后开采，采摘标准为细嫩多毫的一芽一叶和一芽二叶初展，要求大小匀齐一致。

（二）加工工序

炒制的基本工艺是杀青、揉捻、闷堆、初烘、闷烘 5 道工序。

（三）制作技艺

1.杀青

温度 160℃左右，投叶量 1 ～ 1.2 千克，要求杀匀杀透，待叶质柔软，叶色暗绿，即可滚炒揉捻。

2.揉捻

继续在杀青锅内进行，降低锅温，滚炒到茶叶基本成条，减重 50%～ 55%时即可出锅。

3.闷堆

将揉捻叶一层一层地摊在竹匾上，厚约 20 厘米，上盖白布，静置 48 ～ 72 小时，待叶色转黄，即可初烘。

4.初烘

用烘笼烘焙，每笼投闷堆叶 1.2 千克左右，烘焙时间约 15 分钟，七成干时下烘。

5. 闷烘

初烘后适当摊晾，收放在布袋内，每袋 1～1.5 千克，连袋搁置在烘笼上闷焙，掌握叶温 30℃ 左右，经 3～4 小时达九成干，再经筛簸，剔除片末，复火到足干，即可包装。

特点：成品外形细紧纤秀，色泽黄绿披毫，香气高锐，汤色橙黄明亮，滋味醇和爽口，叶底匀整成朵。

蒙顶黄小茶与蒙顶黄芽的区别是原料细嫩标准不同，多一道闷蒸工序，还要揉捻，闷的量较大，汤色的色度深，滋味的醇和程度高，甜香味浓，花蜜香略淡。

蒙顶黄小茶闷黄技术现没有建立统一的标准，措施因企业、因人、因茶叶种类而异。有的在杀青后趁热闷黄，有的在揉捻后闷黄，有的在初干后堆积闷黄，有的在炒干过程中交替进行闷黄。蒙顶黄小茶加工工艺与平阳黄汤、北港毛尖、远安鹿苑等大致相同，还需要统一制定执行标准。

四、蒙顶黄大茶

（一）鲜叶原料

谷雨前后，采摘标准为细嫩多毫的一芽二叶和一芽三叶原料，要求大小匀齐一致。

（二）加工工序

黄大茶初制加工工艺过程有炒茶（杀青和揉捻）、初烘、堆积、再烘焙等工序。

（三）制作技艺

1. 炒茶

分生锅、二青锅、熟锅 3 个阶段。3 个阶段在 3 个相连的炒茶灶锅内相继完成。炒茶工具就是砌成单列相连的 3 口斜锅炒茶灶锅，茶锅前倾 25°～30°。茶叶翻炒工具是用竹枝扎成长 1 米、直径 10 厘米的圆形炒茶把，生锅用旧把，二青锅、熟锅用新（软）把。

2. 初烘

以烘笼或烘干机烘焙，温度为 120℃ 左右，烘至七八成干，有刺手感觉，折之梗皮连，即为适度。下焙后立即进行堆积或由企业收购快速集中堆积。

3. 堆积

初烘叶趁热堆积于茶篓或圈席内，稍压紧放在温高干燥的室内（一般是利用烘房余热）。茶堆高1米，时间为5～7天，堆到叶色变黄，香气透露，即达适度。堆积要经常检查是否发热、霉变。如有发热，应提前打足火。

4. 烘培

先低温100℃左右。烘至9成干，即可下烘摊晾3～5小时。再上烘焙温度130～150℃高温、足烘。烘时要勤翻、翻匀、轻翻。烘至足干，茶梗折之即断，茶叶手捻即成粉末，并发出高火香，即可下烘，趁热包装待运。

第五节 品质因素

除影响制作蒙顶黄茶品质的杀青、闷黄和干燥的内质三因素外，还有鲜叶分级（表3-2）、摊放、环境条件和贮藏方法等外因素。

表3-2 蒙顶特色名茶鲜叶品名分级标准 （%）

品名级别	单芽		一芽一叶初展		一芽二叶初展		一芽二叶		同等嫩度单片、对夹叶		鲜叶采摘时间
	重量（克）	数量（个）	重量（克）	数量（个）	重量（克）	数量（个）	重量（克）	数量（个）	重量（克）	数量（个）	
蒙顶黄芽	100	100	—	—	—	—	—	—	—	—	3月20日前
蒙顶黄小茶	—	—	20～30	25～30	50～70	40～50	—	—	—	—	4月4日前
蒙顶黄大茶	—	—	—	—	30～40	35～45	30～40	19～25	10～10	8～10	4月30日前

一、鲜叶摊放

导致鲜叶变质的主要因素有叶温升高、通风不良、机械损伤等。鲜叶管理应做到三不：不损坏、不发热、不红变。鲜叶摊放是绿茶尤其是名优绿茶、黄茶等加工前必不可少的处理工序。茶叶经过合理的摊放处理可提高茶叶品质，对名茶

鲜叶摊晾

品质作用更加明显，可以改善干茶色泽、增加茶香、协调滋味，是许多工艺名茶制作的基本技法。

（一）摊放场地的要求

摊放场地和用具要保持清洁卫生、通风良好、不受阳光直接照射，设法保持室温 25℃以下。摊放时应根据天气情况启闭门窗，阴雨天门窗应敞开，以利于水分散发；干燥晴天，门窗应少开，以保持鲜叶的新鲜度。摊放室空气的相对湿度控制在 90% 左右，室温控制在 15～20℃，叶温控制在 30℃以内，不可超过 40℃。摊放时间不宜过长，一般 6～12 小时为宜，最长不超过 24 小时。尤其是当室温超过 25℃时，更不宜长时间摊放，尽量做到当天鲜叶当天加工完毕。

（二）鲜叶摊放方法

鲜叶摊放时要垫有竹篾编制而成的垫衬，要分级薄摊，应按采摘地、品种、采摘时间、老嫩度、晴雨叶分开摊放。

摊放厚度要适当，春季气温低可以适当厚些。高级鲜叶摊放厚度一般为 2～3 厘米，一般不宜超过 3.5 厘米；中档茶叶可摊厚 5～10 厘米，低档茶叶可摊厚 15 厘米左右，但最厚不超过 20 厘米。气候条件不同，摊放叶要有所区别，晴天可以适当厚摊以防止鲜叶失水过多，影响炒制。雨水叶、上午 10：00 以前采摘的茶叶应适当薄摊，以便加速散发水分。叶子以波浪形摊开，叶层要疏松，且每隔 1 米左右开一条通气沟。摊放时大叶种一般不提倡翻叶，如需翻叶的，摊放 1～2 小时之后，翻叶 1 次，操作手法要轻，注意不要损伤叶子，抖散要均匀。

（三）鲜叶摊放的质量要求

鲜叶摊放适度的具体标准是：叶质发软，芽叶舒展，色泽由鲜活翠绿转为暗绿，叶面光泽基本消失，青气减轻，发出清香，叶含水量在 68%～70%，减重率为 15%～25%。若鲜叶呈挺直状态，表示失水太少；若芽梢弯曲，叶片发皱，整个芽叶萎缩，表示失水太多，均不符合摊放的要求，摊放过程应该经常观察失水程度。

二、影响茶叶品质的环境条件

茶叶品质的变化主要是由于其内含物成分的氧化作用，水分、温度、湿度、氧气、光线等是氧化作用的主要环境条件，尤其在高温高湿条件下，茶叶品质的劣变速度是最快最剧烈的。

（一）水　分

茶叶品质变化程度与其含水量密切相关。当茶叶中的含水量太高时，茶叶较易陈化和变质。当茶叶中的含水量在3%左右时最易保存，当含水量超过6%，或者空气湿度高于60%以上时，茶叶的色泽变褐变深，茶叶品质变劣。因此应保持茶叶储藏过程中的低含水率，能使茶叶中的内含物氧化和劣变速度减慢。成品茶的含水量应该控制在3%～6%，超过6%时应该复火烘干。

黄茶、绿茶在常温下储藏，含水量呈增加趋势。其吸湿能力强弱，与起始含水率有关，起始含水率低的，吸湿能力强，水分上升快；反之则慢。但吸湿量的大小随储藏过程中茶叶自身含水率的增加而逐渐减小。

储藏过程中，茶叶含水率的变化还与环境空气相对湿度有关，储藏环境相对湿度增加，茶叶含水率增加，环境相对湿度下降后，茶叶会出现明显的解湿现象。

（二）温　度

温度是茶叶品质变化的主要因素之一，温度越高，变化越快。以绿名茶蒙顶甘露为例，实验结果表明，在一定范围内，温度每升高1℃，褐变速度要增加3～5倍。主要是茶叶中的叶绿素在热和光的作用下容易分解。同时，也加速了茶叶氧化（陈化）。因此，茶叶最好采用冷藏的方法，能有效地防止茶叶品质变化。黄茶也可以低温贮藏，温度恒定。

（三）湿　度

湿度是促使茶叶含水量增加的主要原因，水分增加了，提高了茶叶的氧化速度，而导致茶叶水浸出物、茶多酚、叶绿素含量降低，红茶中的茶黄素、茶红素也随之下降，严重的会引起茶叶霉变。所以茶叶加工后的水分应控制在5%以下，在贮存运输过程中要加强防潮措施。

饱满匀健的黄芽

（四）氧　气

空气中约含20%的氧气，氧几乎能和所有物质起作用而形成氧化物。在闷黄过程中，就是要减少氧气对茶叶内含物质叶绿素、多酚类物质直接氧化。在贮藏时，茶叶中的茶多酚、抗坏血酸、酯类、醛类、酮类等在自动氧化作用下，都会产生不良后果。目前茶叶试用抽气充氮包装，其目的就是防止茶叶中的有效物质自动氧化，保持茶叶品质。

（五）光　线

光线也是促使茶叶品质变化的因素之一。特别是在紫外线的光照作用下，能使茶叶中的戊醛、丙醛、戊烯等物质发生光化反应，产生一种不愉快的异味（即日晒味）。所以在贮藏或运输过程中要防止日晒；所用包装材料也应选用密封性能好，并能防止阳光直射的材料。

三、茶叶贮藏与保鲜方法

大型冷藏库低温冷藏：茶叶保鲜库采用低温（0～8℃）、低湿、避光贮藏的方法，茶叶放入冷库的时间一般选择在4月中旬。

冷库的类型：从库房形式来分，通常有组合式冷库和土建式冷库两种。其中组合式冷库采用全自动控制，库房容积有30～100立方米多种规格，具有结构紧凑、制冷效率高、操作简便、运行安全可靠等特点。

第四章

丰富的内含成分

　　黄茶类一般要求初制过程必须有"闷黄"工序，属微发酵茶。因此，没有经过"闷黄""包黄""堆闷"的茶，即便色黄也不能算是黄茶。黄茶呈现的黄色是表观特征，香味甜醇才是内质本色。传统蒙顶黄芽具有茶褐黄、汤亮黄、底嫩黄的"三黄"特点。成茶色泽黄中带褐，披金毫，微扁而直，重实匀齐，500克干茶有4万～5万个芽头。开汤后，茶汤呈杏黄或浅黄色，清醇带花香，滋味醇和、甘甜浓郁、无苦涩感；叶底嫩芽肥硕，鲜嫩黄色，嫩芽初泡直立，鲜活似嫩笋。最高等级的蒙顶黄芽具有香气馥郁带蜜甜花香、味醇厚悠长的独特品质风格，是茶类中极品。

第一节　黄化原理

　　黄茶的黄叶黄汤，是闷黄的结果。在制茶技术条件落后的情况下，绿茶加工中常发生闷黄的弊病，造成绿茶不绿。而黄茶闷黄却是创造一个合适绿叶变黄的技术条件，在受控的状态下，完成黄叶黄汤的色变过程。二者的原理是相同的，只是前者为制茶技术条件失控的表现，后者为制茶技术条件受控的结果。

蒙顶黄芽、蒙顶石茶、蒙顶甘露、蒙山毛峰

蒙顶黄芽开汤品赏（高永川 摄）

形成黄茶变黄的主导因素是热化学作用。热化学作用有两种：一是在水分较多的情况下（干燥前闷黄），以一定温度作用之，称之为温热作用；二是水分较少的情况下（初干后闷黄），以一定温度作用之，称之为干热作用。黄茶加工过程中，这两种热化学作用交替进行，从而形成黄茶特有的品质。黄茶闷黄的实质为：湿热引起叶内成分一系列氧化、水解，是形成黄茶黄汤黄叶和滋味醇浓的主导方面，而干热作用则以发展黄茶茶香为主。

黄茶在湿热条件下，长时间堆闷加上微生物造就的微酸性条件，使叶绿素大量降解。叶绿素在黄茶制造过程中变化幅度达到 60% 左右，叶绿素 a 与叶绿素 b 的比值下降，而稳定的胡萝卜素保留量较多，使叶绿素和类胡萝卜素的比值下降，导致外形与叶底色泽变黄。在高温高湿条件下，儿茶素和黄酮类水解，闷堆中微生物胞外酶和胞内酶的催化，使多酚类物质发生氧化、缩合、聚合，形成了橙黄的汤色特征。

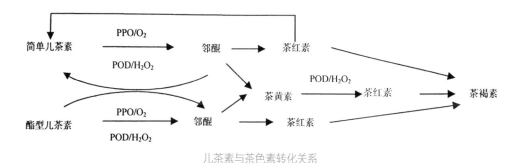
儿茶素与茶色素转化关系

湖南农业大学研究黄茶闷黄过程中微生物类群及数量的变化，发现早期有益霉菌最先发展，细菌早期较多，后逐渐下降，中后期主要让位于酵母菌作用。酵母菌是后期的优势菌种。

据测定：多酚类氧化酶、过氧化物酶、过氧化氢酶在黄化过程中活性较弱，但多酚类氧化酶在微生物作用下活性回升。黄大茶炒制过程中黄烷醇总量变化显著，毛茶的含量不到鲜叶的1/2，其中L-EGCG减少2/3以上，L-EGC大量减少，从工序看堆积变黄过程减少最多。由于脂型儿茶素自动氧化和异构化，改变了多酚类化合物原来的苦涩味，形成黄茶特有的金黄色泽和比绿茶更醇的滋味（表4-1）。

表4-1　水浸出物、茶多酚和氨基酸在闷黄中的变化　　　　　　（％）

项　目	杀青叶	焖2小时	焖4小时	焖6小时
水浸出物	39.53	38.12	36.88	35.04
茶多酚	29.79	27.56	25.67	23.12
氨基酸	1.03	0.96	0.92	0.86

氨基酸的组分分析表明，茶氨酸含量减少22.4%，谷氨酸减少9.9%，苯丙氨酸减少21%（表4-2）。

表4-2　几种氨基酸在闷黄过程中的含量变化　　　　　　（毫克/克）

项　目	杀青叶	焖2小时	焖4小时	焖6小时
总量	1 030.7	958.4	978.0	876.0
天门冬氨酸	86.7	80.5	78.0	75.5
丝氨酸	44.4	40.5	40.3	37.8
谷氨酸	159.4	151.7	146.9	143.7
缬氨酸	30.1	28.5	28.2	27.1
苯丙氨酸	56.3	51.6	49.8	44.5
茶氨酸	536.4	486.3	458.0	416.9

由于杀青、闷黄，叶绿素被大量破坏、分解而减少，杀青叶在6h闷黄后，叶绿素总量仅为杀青叶的46.9%（表4-3）。

表 4-3　杀青、闷黄中叶绿素含量的变化　　　　　　（毫克／克）

项　目	叶绿素 a		叶绿素 b		总量	
	含量	相对含量	含量	相对含量	含量	相对含量
杀青叶	0.97	100	0.59	100	1.56	100
闷 2 小时	0.82	84.5	0.38	63.8	1.20	77.0
闷 4 小时	0.71	72.7	0.29	48.9	1.00	64.1
闷 6 小时	0.56	57.7	0.17	29.1	0.73	46.9

李春华（左一）、王云（左二）、唐晓波（中）在品评茶叶

　　干燥是形成黄茶香味的重要因素。闷黄后的叶子在较低温度下烘炒，水分蒸发得慢，干燥速度缓慢，多酚类化合物的自动氧化和叶绿素等其他物质在湿热作用下缓慢转化，促进黄叶黄汤的进一步形成，然后用较高的温度烘炒，固定已形成的黄茶品质。同时在干热作用下，使酯型儿茶素裂解为简单儿茶素和没食子酸，同时发生异构化，增加了黄茶的醇和味感。另外，在干热作用下，糖转化为焦糖香，氨基酸受热转化为挥发性物质，这些是组成黄茶香气的重要成分。低沸点芳香物质在较高温度下一部分挥发，部分青叶醇发生异构化，转为清香；高沸

点芳香物质由于高温作用显露出来。这些变化综合构成黄茶的香味。

黄茶加工分杀青、揉捻、闷黄、干燥等工序。黄茶的制法基本与绿茶相同，只是在揉捻或初干后经过特有的闷黄工序，在湿热条件下，促进多酚类化合物的自动氧化和叶绿素的大量降解，形成黄叶黄汤的独特品质。不同黄茶的闷黄工序有先有后，有的在杀青后闷黄如蒙顶黄芽，有的在揉捻后闷黄如北港毛尖、鹿苑茶、广东大叶青、平阳黄汤，有的在毛火后闷黄如君山银针、黄大茶。平阳黄汤第二次闷黄采用了边烘边闷的方法，故称"闷烘"。影响闷黄的因素主要有茶叶的含水率和叶温，还有温度、湿度和闷黄时间。在其他条件相同的情况下，在制品含水率越高，黄变速度越快。影响叶温和在制品含水率的温度和湿度，可通过保湿或散热失水进行调节。闷黄时间长短，一要看叶温和在制品含水率，二要看黄变程度和轻重。闷黄技术条件只有按规范要求处于受控情况下，闷黄时间相对稳定，变黄程度才能符合质量要求。

第二节　主要成分

一、蒙顶黄芽名茶主要成分含量状况

茶多酚是茶叶中的主要涩味物质，茶叶中一般含量为 18% ～ 36%（干重），儿茶素是茶叶中多酚类物质的主体（占 70% ～ 80%），对茶叶色、香、味品质的形成均有重要作用。根据速晓娟、郑晓娟、杜晓等《蒙顶黄芽名茶主要成分含量及组分检测分析》的研究结果表明，蒙顶黄芽名茶中茶多酚含量和儿茶素总量分别为 21.04% ～ 31.27%、14.08% ～ 19.73%，不同茶样中的含量差异极显著，部分茶样的茶多酚和儿茶素含量已接近绿茶中的含量。氨基酸是茶叶主要滋味来源，更是构成茶叶"鲜爽味"的重要成分，茶叶中氨基酸含量一般为 1.0% ～ 4.0%。蒙顶黄芽茶中游离氨基酸含量较高，在 3.35% ～ 6.95%，不同茶样中的含量差异极显著。可溶性糖是茶汤甜味的主要物质，能削弱茶汤的苦涩味，增进茶汤的甜醇度，其与氨基酸等反应形成香气物质，使茶香及茶味鲜甜回甘，对调和茶汤滋味有重要作用，蒙顶黄芽有 83% 的试样中可溶性糖含量均在 4.5% 以上，这与闷黄过程中其含量增加有关。咖啡因是茶叶重要的滋味物质，味微苦，但可与茶多酚、氨基酸等成分络合成鲜爽类物质，茶叶中含量一般为

生态茶园（徐伟　摄）

2% ～ 4%，蒙顶黄芽茶有94%的茶样咖啡因含量为大于4%，咖啡因含量较高可能与四川的气候特征和栽培的茶树品种有关。蒙顶黄芽茶水浸出物含量为40.48% ～ 44.94%，总体含量较高，不同茶样中的含量差异极显著。较高的水浸出物含量和丰富的滋味物质使蒙顶黄芽滋味"浓醇"且"耐冲泡"。结果表明，来源于不同企业的蒙顶黄芽试样滋味成分含量差异极显著，这与目前蒙顶黄芽制作仅凭传统经验，缺乏技术参数，尚未采用现代工艺有关。因为不同制茶企业在"初包黄""复包黄"和"堆黄"过程中的具体时间不同。

二、蒙顶黄芽名茶主要色素组分含量状况

茶叶中的色素是构成其干茶色泽、汤色及叶底色泽的主要成分，包括天然色素和加工过程中形成的色素。蒙顶黄芽属于轻发酵茶类，其主要色素成分除了叶绿素类之外，还有在其加工过程中形成的茶黄素、茶红素和茶褐素。由表4-4可知，蒙顶黄芽叶绿素总量（1.03 ± 0.27）mg/g、叶绿素a（0.74 ± 0.20）mg/g和叶绿素b（0.29 ± 0.07）mg/g的含量都较低，比同种原料制得的蒙顶石花含量分别低45.90%、48.25%和38.89%，与茶树鲜叶中的叶绿素含量（0.3% ～ 0.8%）相比显著下降。这是因为蒙顶黄芽经过特殊的"闷黄"工序，叶绿素破坏程度较高，被保留下来的叶绿素含量较少。茶黄素、茶红素和茶褐素是色素物质，但对滋味也有重要作用。茶黄素为鲜爽味，茶红素为浓甜味，而茶褐素则使茶汤滋味淡薄，三者的含量及配比在一定程度上影响着茶叶的品质，同时也是蒙顶黄芽茶汤"甜醇"的物质基础。蒙顶黄芽茶的茶黄素、茶红素含量分别为0.12% ± 0.04%和2.32% ± 0.42%，茶褐素含量为2.75% ± 0.56%（表6）。蒙顶黄芽在特殊的"闷黄"过程中，经湿热与微生物共同作用，儿茶素氧化形成茶黄素、

茶红素和茶褐素，同时叶绿素大量减少，从而形成"黄汤黄叶"的特征。

表 4-4　蒙顶黄芽色素成分含量

试样号	叶绿素总量（毫克/克）	叶绿素a（毫克/克）	叶绿素b（毫克/克）	叶绿素a/b	TF（%）	TR（%）	TB（%）
01	1.33 ± 0.01	0.97 ± 0.02	0.36 ± 0.01	2.72 ± 0.15	0.08 ± 0.00	2.08 ± 0.27	2.14 ± 0.26
02	0.80 ± 0.06	0.58 ± 0.04	0.22 ± 0.04	2.67 ± 0.41	0.16 ± 0.04	2.80 ± 0.08	3.25 ± 0.24
03	0.97 ± 0.11	0.67 ± 0.05	0.30 ± 0.02	2.26 ± 0.10	0.11 ± 0.04	2.08 ± 0.32	2.86 ± 0.20
绿芽茶	—	1.91 ± 0.01	1.43 ± 0.01	0.48 ± 0.01	—	—	—

三、蒙顶黄芽儿茶素组分含量状况

由表 4-5 可知，蒙顶黄芽儿茶素总量为 12.91%，比绿芽茶少 1.21%，酯型儿茶素含量较少，为 9.77%），酯型儿茶素苦涩味和收敛性较强，是构成涩味的主体；非酯型儿茶素含量适中，为 3.14%，其稍有涩味，收敛性弱，回味爽口。二者的含量及配比适当是蒙顶黄芽苦涩味低，回味爽口的重要原因。除 EC 含量略高于绿芽茶外，其他儿茶素组分均较低。这表明蒙顶黄芽在"闷黄"过程中，部分儿茶素氧化、缩合或聚合生成茶黄素、茶红素等，使儿茶素总量及组分均减少。与银针茶相比，蒙顶黄芽茶的儿茶素总量较低，且酯型儿茶素占儿茶素总量的百分比较低，为 75.68%，银针茶为 92.25%。"闷黄"过程中儿茶素含量减少，伴随爽口味的茶黄素含量增加，苦涩味减弱，这是蒙顶黄芽名茶形成"甜醇不涩"品质的重要原因。

表 4-5　蒙顶黄芽儿茶素组分含量　　　　　　　　　　（%）

儿茶素组分	C	EC	EGC	ECG	EGCG	儿茶素总量
黄芽茶	0.08	0.50	2.56	3.10	6.67	12.91
绿芽茶	—	0.09	0.46	3.14	3.38	7.05
银针	—	0.65	0.35	0.36	2.54	13.65

注：数据引自文献

四、蒙顶黄芽名茶游离氨基酸组分组成状况

游离氨基酸的含量、组成及配比是构成茶叶滋味的重要物质，对茶叶香气形成也有重要作用。由表4-6可知，蒙顶黄芽名茶共有19种游离氨基酸组分被检测出。以茶氨酸含量最高，高达19.83毫克/克，含量在1.00毫克/克以上的还有谷氨酸、天冬氨酸和精氨酸。茶氨酸具有鲜爽味，谷氨酸带有甜味，天冬氨酸有微甜味和鲜味，使茶汤带鲜甜味。含量在0.50～1.00毫克/克有丝氨酸和亮氨酸，而蛋氨酸、甘氨酸和半胱氨酸的含量在0.10毫克/克以下，其余氨基酸组分均在0.10～0.50毫克/克范围内。与银针茶相比，蒙顶黄芽的氨基酸组分更丰富且含量更多，除丝氨酸和茶氨酸含量稍低，其他氨基酸含量均高于银针茶；蒙顶黄芽茶游离氨基酸总量和组分含量比相同原料的绿芽茶略低。因为黄茶随着闷黄时间的增加，闷黄叶温度升高，氨基酸发生氧化、缩合和水解等反应的程度加强，闷黄后期氨基酸含量降低。

表4-6　蒙顶黄芽游离氨基酸组分含量　　　　　　　　（毫克/克）

氨基酸组分	黄芽茶	绿芽茶	银针茶	氨基酸组分	黄芽茶	绿芽茶	银针茶
谷氨酸	4.37	4.86	3.29	色氨酸	0.37	0.37	—
天冬氨酸	4.21	4.13	2.60	脯氨酸	0.34	0.37	—
精氨酸	1.54	2.26	0.22	组氨酸	0.33	0.45	0.27
丝氨酸	0.71	0.93	0.74	异亮氨酸	0.28	0.26	0.09
亮氨酸	0.53	0.50	0.20	酪氨酸	0.26	0.28	—
赖氨酸	0.45	0.43	0.13	半胱氨酸	0.09	0.14	—
苏氨酸	0.41	0.47	微量	甘氨酸	0.06	0.07	0.05
丙氨酸	0.41	0.53	0.28	蛋氨酸	0.02	0.02	
缬氨酸	0.39	0.36	0.20	茶氨酸（%）	1.98	2.37	2.14
苯丙氨酸	0.37	0.35	0.08	氨基酸总量（%）	3.53	4.10	

注：数据引自文献

五、蒙顶黄芽名茶主要矿质元素含量状况

由表4-7可知，蒙顶黄芽中大量元素K含量最丰富，为16.16克/千克；其次是Mg元素1.73克/千克，Ca元素0.55克/千克；蒙顶黄芽茶中的微量元素以Mn元素含量最高，为368.80毫克/千克，Zn、Fe、Ni和Cu的含量均高于绿芽茶，分别为88.80毫克/千克（高48.25%）、87.60毫克/千克（高24.26%）、27.00毫克/千克（高18.94%）和19.70毫克/千克（高15.20%），Se元素含量较少仅为0.06毫克/千克。微量元素虽含量较少，但对人体具有重要的药理作用和生理功能。

表 4-7 蒙顶黄芽无机元素组分含量

指　标	大量元素 /（克 / 千克）			微量元素 /（毫克 / 千克）						
	K	Mg	Ca	Mn	Na	Zn	Fe	Ni	Cu	Se
黄芽茶	16.16	1.73	0.55	368.80	190.00	88.80	87.60	27.00	19.70	0.06
绿芽茶	22.39	1.87	0.46	405.20	228.20	59.90	70.50	22.70	17.10	0.07

六、蒙顶黄芽名茶主要香气组分状况

采用GC-MS-计算机联用技术检测了蒙顶黄芽茶的香气组分，各组分相对含量见表4-8。蒙顶黄芽共检测出香气组分69种，以醇类的种数和含量最多，高达22种（占总挥发性物质的31.69%），显著高于其他种类的香气物质，主要有香叶醇、芳樟醇、枯贝醇、植醇、苯乙醇、苯甲醇、橙花醇等。其中香叶醇、β-芳樟醇和枯贝醇的相对含量分别高达63.90%、45.37%和23.11%。香叶醇和橙花醇具有甜的花香、柑橘香和柠檬香等香气，芳樟醇具有百合花或玉兰花香气，苯乙醇具有栀子香和清甜玫瑰香，苯甲醇具有甜香、花香、果香。此外蒙顶黄芽茶中还含有α-紫罗兰醇（带浆果香、木香、花香、粉香、紫罗兰酮香）和薄荷醇（有清凉的薄荷香气），但含量均很少，仅占0.76%。酯类物质有10种，相对含量大于2%的有：己酸-（Z）-3-己烯酯、橙花醇丙酸酯、棕榈酸甲酯和棕榈酸乙酯。其中己酸-（Z）-3-己烯酯具有甜果香、清香和香膏等香

气，棕榈酸乙酯有蜡香、香脂的香气。烯烃类和醛类均为 8 种、酮类 5 种、芳香化合物和烷烃类分别为 4 种和 5 种，其他含氮化合物一共仅有 7 种。以醇类和酯类为主的香气物质共同形成了蒙顶黄芽的清甜香气。蒙顶黄芽名茶的香气物质组成和含量与文献报道的黄茶香气物质组成略有差异，这与原料品种和加工工艺不一致有关。

表 4-8　黄芽茶香气物质组分及含量（节选）

tR（分钟）	化合物名称	分子式	相对含量（%）
3.35	4- 甲基 1- 戊烯 -3- 醇	$C_6H_{12}O$	8.83
4.80	吡啶	C_5H_5N	2.51
5.35	1- 庚炔 -3- 醇	$C_7H_{12}O$	2.84
52.88	柏木醇	$C_{15}H_{26}O$	3.38
5.53	（Z）-2- 戊烯 -1- 醇	$C_5H_{10}O$	3.71
38.95	α- 紫罗兰醇	$C_{13}H_{22}O$	0.76
8.24	2- 呋喃甲醛	$C_5H_4O_2$	1.20
9.70	（Z）-3- 己烯 -1- 醇	$C_6H_{12}O$	3.38
35.90	香叶醇	$C_{10}H_{18}O$	63.90
18.85	1- 辛烯 -3- 醇	$C_8H_{16}O$	0.98
70.58	香叶基香叶醇	$C_{20}H_{34}O$	3.71
19.40	2- 戊基 - 呋喃	$C_9H_{14}O$	3.38
20.01	2- 乙基 -5- 甲基 - 吡嗪	$C_7H_{10}N_2$	1.64
20.86	（E，E）-2，4- 庚二烯醛	$C_9H_{14}O$	0.87
21.72	d- 柠檬烯	$C_{10}H_{16}$	1.53
31.00	薄荷醇	$C_{10}H_{20}O$	0.76
22.91	苯乙醛	C_8H_8O	2.40
25.72	3，4- 二甲基苯甲醇	$C_{12}H_{18}O$	2.84
26.75	β- 芳樟醇	$C_{10}H_{18}O$	45.37
27.03	辛基 - 环氧乙烷	$C_{10}H_{20}O$	12.32

注：检测含 70 余种香气物质，本表暂列其 20 种

第五章

珍稀的品种类别

　　蒙顶黄芽由于量小、要求高，所以种类很少，主要有以芽为原料制作的蒙顶黄芽，以一芽一叶至一芽二叶初展为原料制作的蒙顶黄小茶，以一芽二、三叶为原料制作的蒙顶黄大茶，以及用模压制成饼、成块的黄茶饼。黄茶为六大茶类中的小茶类，全国黄茶产地、产量和品类非常少。

第一节　品种分类

一、以产地分类

以产地分的黄茶均在前面加上了省名或地区名，主要如下。

四川省：蒙顶黄芽、蒙顶黄饼。

湖南省：君山银针、沩山白毛尖。

安徽省：霍山黄芽。

广东省：广东大叶青。

湖北省：远安鹿苑。

贵州省：海马宫茶。

黄芽茶

黄小茶

二、以茶叶原料的细嫩程度分类

（一）黄芽茶

以单芽为原料进行闷黄或堆黄工艺加工而成的扁形茶。如四川名山的蒙顶黄芽、湖南岳阳君山银针、安徽霍山黄芽。

（二）黄小茶

以一芽一叶至二芽二叶为原料进行闷黄或堆黄工艺加工而成的条形、卷曲形茶。如：浙江温州、平阳一带的"平阳黄汤"，湖南岳阳的"北港毛尖"，湖南宁乡的"沩山白毛尖"，湖北远安的"远安鹿苑"，安徽的"皖西黄小茶"，四川雅安的"蒙山黄小茶""雅安黄小茶"。

（三）黄大茶

以一芽二三叶为原料进行闷黄或堆黄工艺加工而成的条形、卷曲形。如：皖西黄大茶，广东大叶青，贵州海马宫茶等。安徽金寨、霍山、六安、岳西和湖北英山所产的"六安黄大茶""远安黄大茶"（鹿苑玉珠）及广东韶关、肇庆、湛江等地的"广东大叶青"。

（四）黄饼茶

以一芽一叶至二三叶为原料进行闷黄或堆黄并入模进范压制成饼、块团工艺加工而成的茶。如：浙江温州、平阳一带的"平阳黄汤"是黄饼茶，四川名山也有川黄茶业"黄茶饼"、止观茶业"君黄凤团""君黄龙团"。

黄大茶

黄茶饼

君黄龙团与君黄凤团

三、从传承和创新上分

（一）传统黄茶

即按传统的加工制作茶叶并有闷黄或堆黄工序而产生黄变生产出的茶叶产品。传统黄茶工艺加工程序多，一般有3次黄化过程，时间一般在72小时以上，且干茶颜色较深，呈现黄略带褐色泽，滋味香甜浓厚，多带有花香或蜜甜香。

（二）新工艺黄茶

即为了追求黄茶干茶色泽谷黄或金黄效果，简化闷黄或堆黄工序，缩短闷黄或堆黄时间而生产出的茶叶产品。新工艺黄茶在闷黄或堆黄投叶量大，温度略高出3～5℃，时间缩短，工序减少到一次或两次，且干茶颜色呈现谷黄色或淡黄色，易吸引消费者产生购买欲。如名山大川公司生产的金黄芽，就属于这个类型。

（三）再加工黄茶

将成品绿茶回润后进行闷黄或堆黄使之黄化而成的产品。一般情况是用头年未售完的绿茶再加工，特点是有黄茶的特征，但香气与滋味略次。这是某些企业探索的产品，四川农业大学何春雷教授团队也正在对其进行研究和检测。

黄茶内含成分因品种不同、生长环境条件不同、采摘的嫩度不同、加工工艺不同，其内含的茶多酚、茶氨酸、叶绿素等及香气物质而呈现差异。一般情况下，茶叶随着纬度、海拔、雨雾的增加，内含物越丰富、酚氨比越低，香气物质越丰富。芽叶的嫩度越高，酚氨比越低，香气物质也越丰富。黄茶加工中，闷黄或堆黄时间越长，多糖类增加，内含的茶多酚、儿茶素、叶绿素等转化为茶黄素、茶红素和茶褐素增加，香气物质也发生增减变化。从甜香味的差异可体现出醇和型、浓厚型。因产地、品种、嫩度及加工工艺差异，而体现出不同的香气，因此如蒙顶山黄茶、君山银针、霍山黄芽等通常黄茶可分为甜香型黄茶、花香型黄茶、蜜甜香型黄茶，同时还有特殊的如远安黄茶为清香型，六安黄大茶明显的为焦香型黄茶，沩山毛尖更是为特殊的烟香型黄茶。

蒙顶山茶

第二节　全国主要黄茶品类

一、蒙顶黄芽

产于四川省雅安市名山区蒙顶山茶区。蒙顶山产茶的历史十分悠久，蒙顶茶自唐至明清，都是有名的贡茶。唐宋时期有露芽（压膏露芽、不压膏露芽）、露镬芽、小方、蒙团饼等名称。历来有不少茶馆、茶庄悬挂"扬子江中水，蒙顶山上茶"的对联，可见蒙顶茶影响之深远。每年春分时节开始采制蒙顶黄茶，选择肥壮的芽头，经杀青、处包、复炒等八道工序制成。蒙顶黄芽的特点：茶形扁直、芽毫毕露、成茶色黄带褐、油润有金毫、微扁而直、重实匀齐、汤色黄亮、清醇带花香、滋味醇和甘甜浓郁、叶底嫩黄匀亮。2001 年 12 月，蒙顶山茶（含蒙顶黄芽）获中华人民共和国原产地域产品保护（现称为"国家地理标志产品保护"）。范围包括名山县（区）20 个乡镇 614 平方千米，及雅安雨城区地处蒙山的碧峰峡镇、陇西乡。

黄芽产品与包装

二、君山银针

（一）简　介

君山银针，以注册商标"君山"命名，为黄茶类针形茶。唐宋时，因它外形好像鸟的羽毛，因此人们给它起名为黄翎毛、白鹤翎；到了清代，又因此茶有白色茸毛，改称为白毛尖；1957年始定今名。银针茶产于湖南省岳阳市洞庭湖君山岛，从古至今，以其色、香、味、奇并称四绝。

古时君山茶仅年产500克左右，现年产量也非常少。银针茶每年清明前3～4天开采鲜叶，以春茶首摘的单一茶尖制作，制1千克银针茶约需5万个茶芽。它的制作工艺虽然精湛，但对外形并不作修饰，而要求务必保持其原状，只从色、香、味3个方面下功夫。君山银针成品外形芽头茁壮，坚实挺直，白毫如羽，芽身金黄光亮，素有"金镶玉"之美称；内质毫香鲜嫩，汤色杏黄明净，滋味甘醇甜爽，叶底嫩黄明亮。

（二）加工技术

君山银针加工分杀青、摊放、初烘与摊放、初包、复烘与摊放、复包、足火、整理分级8道工序。

1. 杀 青

先将锅壁磨光擦净，保持锅壁光滑，开始锅温为120～130℃，后期适当降低。每锅投叶量300克左右，叶子下锅后用手轻快翻炒，切忌重力摩擦，以免芽头弯曲、脱毫、色泽深暗。经4～5分钟，视芽蒂萎软、青气消失、发出茶香、减重30%左右，即可出锅。

2. 摊 放

杀青叶出锅后放在小篾盘中，轻轻簸扬数次，以散发热气、清除碎片，然后摊放2～3分钟即可。

3. 初烘与摊放

摊放后的茶芽置于竹制小盘（竹盘直径46厘米，内糊两层牛皮纸），放在焙灶（焙灶高83厘米，灶口直径40厘米）上，用炭火进行初烘。温度控制在50～60℃。每隔2～3分钟翻一次，烘至五六成干即可下烘。下烘后摊放2～3分钟。

4. 初 包

摊放后的芽坯，取1.0～1.5千克用双层牛皮纸包成一包，置于无异味的木制或铁制箱内。放置48小时左右，使芽坯在湿热作用下闷黄，待芽色呈现橙黄色时为适度。由于包闷时氧化放热，包内温度上升2～4℃，能达到30℃左右，此时应及时翻包以使转色均匀。初包时间的长短，与气温密切相关，当气温在

20℃左右，约需 40 小时；气温低，则应适当延长初包闷黄时间。

5. 复烘与摊放

复烘投叶量比初烘多 1 倍，温度掌握在 45℃左右，烘至七八成干后再予以摊放。

6. 复　包

复包方法与初包相同，作用是弥补初包时黄变程度之不足，历时 24 小时左右。待茶芽色泽金黄，香气浓郁即为适度。

7. 足　火

足火温度为 50℃左右，投叶量每次约 0.5 千克，焙至足干为止。

8. 整理分级

加工完毕，按芽头肥瘦、曲直和色泽的黄亮程度进行整理分级。以芽头壮实、挺直、黄亮者为上；瘦弱、弯曲、暗黄者次之。盛放干茶的茶盘必须垫纸，以免损坏茸毛和折断芽头。分级后的茶叶用牛皮纸分别包成小包，置于垫有熟石灰的枫箱中，密封贮藏。

三、霍山黄芽

（一）简　介

亦属黄芽茶的珍品。产于安徽省大别山区的霍山县，霍山茶的生产历史悠久，霍山古属寿州，从唐代起即有生产其所产黄芽既为名茶极品，明清时更被列为宫廷贡品。对此《唐国史补》《群芳谱》等均有记载。现产于佛子岭水库上游的大化坪、姚家畈、太阳河一带，其中以大化坪的金鸡坞、金山头，上和街的金竹坪，姚家畈的乌米尖，即"三金一乌"所产的黄芽品质最佳。

霍山黄芽要求鲜叶细嫩新鲜，一般当天采芽当天制作，分杀青。初烘、摊放、复烘、足烘五道工序，在摊放和复烘后，使其回潮变黄。霍山黄芽的特点：茶形细嫩多亮、形如雀尖，茶色嫩黄，香气栗香，汤色黄绿清明，茶味醇厚有回甘，叶底黄亮嫩匀厚实。

2006 年 12 月，霍山黄芽成功获批国家地理标志保护产品，范围即为现辖行政区域。

（二）加工技术

1. 杀　青

分生锅、熟锅。生锅要求高温、快炒，锅温掌握 120 ~ 130℃，以鲜叶下锅后有炒芝麻声为度，叶片无炸边爆点。手炒每锅投叶量 50 ~ 100 克，鲜叶下锅后用双手或单手抹抖，抹得净，抖得开，充分散发水分，至叶软色暗时转入熟锅。做形手势是抓甩、抖翻结合，叶下锅后先炒，使叶受热均匀后四指并拢，拇指张开，抓住茶叶向锅内侧然后甩开直至当手感稍烫手时即改用抓抖散发水分，如此反复抓、甩、抖相结合，直至芽叶收拢呈雀舌形时出锅。

2. 毛　火

温度 110 ~ 120℃，投叶量 3 ~ 4 锅杀青叶，采取高温、翻勤、快烘，2 人各左右翻烘一次，约烘 5 分钟至茶销有刺手感，香气溢出约 7 成干时下烘。

3. 焖　黄

毛火下烘时趁热摊放在团簸内，焖黄 24 ~ 48 小时至叶软微黄后上烘。

4. 足　火

烘顶温度 90℃，投叶量为 0.5 ~ 0.75 千克，每 3 ~ 4 分钟翻烘一次，翻烘动作要轻慢，历时 15 分钟，手握有刺手感，茶叶捻之即断碎，9 成干时下烘摊凉即成黄芽毛茶。

5. 拣剔复火

复火前拣去飘叶、黄片、红梗等杂质。拼配花色，使色泽一致。复火温度 90℃左右，每烘笼投叶量 1.5 ~ 2 千克，每 4 ~ 5 分钟翻一次，并随着茶叶干燥程度的提高逐次缩减，翻烘要轻、快、勤，时间 15 ~ 20 分钟，烘至茶叶手捻成末，茶香浓郁，白毫显露，下烘，趁热装筒。进入市场销售或入库保鲜。

四、远安黄茶

（一）简　介

远安黄茶又称远安鹿苑。远安县古属峡州，唐代陆羽《茶经》中就有远安产茶这记载。据县志远载，鹿苑茶起初年（1225 年）为鹿苑增寺侧载值，产量甚微，当地村民见茶香味浓，便争于相引种，遂扩大到山前屋后种植，从而得以发展。远安鹿苑条索紧结弯曲呈现环状，色泽金黄，白毫显露，香气清香持久，滋味醇厚回甘，汤色杏黄明亮，叶底嫩黄匀整。现已在鹿苑一带创制出一种黄茶类的鹿苑毛尖。

（二）加工技术

分杀青、二炒、闷堆、三炒4道工序，没有独立的揉捻工序，而是在二炒和三炒中，在锅内用手搓条做形，鲜叶采摘从清明开始至谷雨结束。习惯是上午采摘，下午摘短（将大的芽叶摘短），晚上炒制。采摘标准为一芽一叶和一芽二叶，要求鲜叶细嫩、新鲜、匀整。经摘短的芽叶要摊放1～2小时，以散发部分水分，便于炒制。

1. 杀 青

炒锅要求光滑，锅温要求160℃左右，并掌握先高后低。每锅投叶量1.0～1.5千克。炒时要少抖多闷，抖闷结合。炒6分钟左右，至芽叶萎软如绵、折梗不断、五六成干时起锅，趁热堆闷15分钟左右，然后散开摊放。

2. 二 炒

锅温100℃左右。每锅投叶量1.0～1.5千克。适当抖炒散气，并开始整形搓条，但要轻揉少搓，以免挤出茶汁，使茶条变黑。炒15分钟左右，茶坯达到七八成干时出锅。

3. 闷 堆

是该茶品质特点形成的重要工序。将茶坯堆积在竹盘内，上盖湿布，闷堆5～6小时，闷堆后拣剔去杂。

4. 炒 干

锅温80℃左右，投闷堆茶坯2千克，炒至茶条受热回软后，继续搓条整形，并采用旋转手法闷炒为主，促使茶条成环状并色泽油润。通常炒30分钟左右即可达到充分干燥，起锅摊凉后，包装贮藏。

五、平阳黄汤

（一）简 介

平阳黄汤茶，产自浙江省温州市平阳县。平阳黄汤茶始制于清乾隆年间，以上乘的品质、独特的风味受到朝廷青睐，遂纳入贡品一直到清末，距今已有200余年。该茶是选用平阳特早茶或当地群体种等茶树品种优质鲜叶为原料，以特定加工工艺精工细制而成的具有地方特色的名优产品，其技艺揉捻、发酵、闷烘等，品质优异，风味独特，外形纤秀匀整，汤色橙黄鲜明，叶底芽叶成朵匀齐，具有"干茶显黄，汤色杏黄、叶底嫩黄"的"三黄"特征。2014年5月，农业部正式批准对"平阳黄汤茶"实施农产品地理标志登记保护，保护区范围面积为971.5平方千米，含8个镇。

（二）加工技术

平阳黄汤清明前开采，采摘标准为一芽一叶或一芽二叶初展，鲜叶大小匀一到，鲜嫩多毫。分杀青、揉捻、闷堆、初烘和闷烘5道工序。

1. 杀 青

锅温160℃左右，投叶量1.0～1.25千克，要求杀透杀匀。待叶质柔软、叶色暗绿，即可滚炒揉捻。

2. 揉 捻

继续在杀青锅内进行，降低锅温，滚炒到茶叶基本成条、减重50%～55%时即可出锅。

3. 闷 堆

将揉捻叶一层一层地摊在竹匾上，厚约20厘米，上盖白布，静置48～72小时，待叶色转黄即可初烘。

4. 初 烘

用烘笼烘焙，每笼投闷堆叶1.25千克，约烘15分钟、七成干时下烘。

5. 闷 烘

将初烘叶稍加摊凉，放在布袋内，每袋1.0～1.5千克，连袋放在烘笼上闷焙，掌握叶温30℃，烘3～4小时，达九成干，再筛去片末后复火到足干，即可包装。

六、沩山毛尖

（一）简 介

沩山毛尖茶产于湖南省宁乡市。清同治年间，《宁乡县志》曾记载："沩山茶，雨前采摘，香嫩清醇，不让武夷、龙井。"沩山毛尖茶树根深叶茂，梗壮芽肥，茸毛多，持嫩性强，是制作名茶的最佳原料。制作后的茶叶，叶缘微卷，呈片状，形似兰花，色泽黄亮光润，身披白毫；冲泡后内质、汤色橙黄鲜亮，烟香浓厚，滋味醇甜爽口，风格独特。2016年11月，国家质检总局批准对"沩山毛尖"实施地理标志产品保护，范围为湖南省宁乡市沩山乡全境、黄材镇龙泉村和蒿溪村、巷子口镇狮冲村和黄鹤村、青羊湖国有林场现辖区域。

（二）加工技术

谷雨前6～7天开采，采摘标准为一芽二叶初展。沩山毛尖加工工艺为杀青、闷黄、揉捻、烘焙、拣剔、熏烟等工序。

1. 杀　青

采用平锅杀青，锅温150℃左右。每锅投叶量2千克左右。炒时要抖得高、扬得开，使水分迅速散发，后期锅温适当降低。炒至叶色暗绿，叶子粘手时即可出锅。

2. 闷　黄

杀青叶出锅后趁热堆积厚10～16厘米，上盖湿布，进行6～8小时的闷黄。中间翻堆1次，使黄变均匀一致。闷黄后的茶叶先散堆，然后再轻揉。

3. 揉　捻

在篾盘内轻揉。要求叶缘微卷，保持芽叶匀整，切忌揉出茶汁，以免成茶叶色变黑。

4. 烘　焙

在特制的烘灶上进行，燃料用枫木或松柴，火温不能太高，以70～80℃为宜。每焙可烘茶3层，厚7厘米左右。待第一层烘至七成干时，再加第二层，第二层烘至七成干时再加第三层。在烘焙中不需翻烘，避免茶条卷曲不直，直到茶叶烘至足干下烘。如果气温低，闷黄不足，可在烘至七成干时提前下烘，再堆闷2小时，以促黄变。

5. 拣　剔

下烘后要剔除单片、梗子、杂物，使外形匀齐。

6. 熏　烟

是沩山毛尖特有的工序。方法是先在干茶上均匀地喷洒清水或茶汁水，茶水比例为10∶1.5，使茶叶回潮湿润，然后再上焙熏烟。燃料用新鲜的枫球或黄藤，暗火缓慢烘焙熏烟，以提高烟气浓度，以便茶叶充分吸附烟气中的芳香物质。熏烟时间16～20小时，烘至足干即为成茶。

七、北港毛尖

（一）简　介

北港毛尖以注册商标"北港"命名，唐代称"邕湖茶"，属黄茶类，产于湖南省岳阳市北港。明代黄一正辑注的《事物绀珠》、张谦德《茶经》也有"岳州之黄翎毛、含膏冷"茶的记载。产于湖南岳阳市的北港一带。外形条索紧结重实带卷曲状，白毫显露，叶色金黄；内质汤色橙黄明净，香气清高，滋味醇厚，耐冲泡。

（二）加工技术

4月上旬开采，采摘标准为一芽二叶，选晴天采摘。北港毛尖加工工艺分杀青、锅揉、闷黄、复炒、复揉、烘干等工序。

1. 杀　青

锅温170～180℃，每锅投叶量1.0～1.5千克。先抖炒2分钟左右，随后锅温降至100℃以下，再炒12～13分钟，至叶子发出清香、无青草气、杀青叶达七成干时转入锅揉。

2. 锅　揉

杀青后把锅温降低到40℃左右，在锅内进行炒揉解块，反复操作直至叶片卷成条索状、达六成干时出锅。

3. 闷　黄

出锅叶放在簸箕内拍紧，上面盖布，时间30分钟左右，使茶条回潮、叶色变黄。

4. 复炒复揉

锅温保持在60～70℃，炒至条索紧卷，白毫显露，达八成干时出锅摊放。

5. 烘　干

摊放后用炭火烘焙，温度控制在80～90℃，烘至足干，趁热装入箱内密封，促使叶色进一步变黄。

八、六安黄大茶

（一）简　介

六安黄大茶产于安徽霍山、六安、金寨、岳西，毗邻的湖北英山县也有生产，总产不多。产量以霍山最多，质量以霍山大化坪、漫水河最佳。霍山地处大别山腹地，生态环境宜茶，茶树长势好，梗长叶大，制成的黄大茶大枝大叶，枝梗有骨（已木质化），梗叶相连，历史上有连枝茶之称。有"梗长能撑船，叶大能包盐"的夸张说法，这是其他产区难以仿冒之特征。外形梗壮叶肥，叶片成条，梗叶相连形似钓鱼钩，色泽油润，呈"古铜色"；内质汤色深黄，叶底黄褐，滋味浓厚耐泡，具有高爽的焦香味。以大枝大叶、茶汤黄褐、焦香浓郁为主要特点。

（二）加工技术

六安黄大茶加工技术加工工序为炒茶、初烘、堆积、烘焙。

1. 炒　茶

炒茶分生锅、二青锅、熟锅三锅连续操作。生锅主要起杀青作用；二青锅主要起初步揉条和继续杀青的作用；熟锅主要是进一步做条。炒茶锅都采用普通饭锅，按倾斜 25°～ 30° 砌成相连的三口锅炒茶灶。

炒茶都使用竹丝扎成的炒茶扫把，长约 1 米，竹丝一端分散直径约为 10 厘米。所不同的是炒法，当地茶农总结"生锅要旋，二锅带劲，熟锅要钻"，另外锅温也有所不同。生锅锅温为 180～ 200℃，投叶 250～ 500 克，两手支起炒茶扫把在锅中旋转炒拌，使叶子随着扫把旋转翻动，受热均匀，此即"满锅旋"。

同时注意旋转要快，用力要匀，并不断翻转抖扬，散发水蒸气。炒 3～5 分钟，叶质柔软、叶色暗绿时，可扫入二青锅内继续炒制。二青锅锅温略低于生锅。进入二青锅后，及时用炒茶扫把将叶子困住在锅中旋转，转圈要大，用力也较生锅大，即"带把劲"，使叶子顺着炒把转，而不能赶着叶子转，否则满锅飞，起不到揉捻作用。

然后再加上炒揉，用力逐渐加大，做紧条形，通过多次炒揉，当叶片皱缩成条、茶叶黏着叶面、有黏手感时，可扫入熟锅继续做形。熟锅温度更低，为 130～ 150℃，炒茶方法基本同二青锅。所不同的是增加了旋转搓揉，使叶子吞吐于竹丝扫把间，即"钻把子"。如此炒揉、搓揉连续不断进行，待炒到条索紧细、发出茶香、达三四成干时，便可出锅，进行初烘。

2. 初 烘

炒后立即高温快速烘焙，温度为120℃左右，投叶量为每烘笼2～2.5千米，每2～3分钟翻烘一次，烘约30分钟，达七八成干，茶梗折之能断，即为适度。这样就可下烘堆积或者直接交售给茶站，由茶站统一堆积。

3. 烘 焙

利用高温进一步促进黄变和内质的转化，以形成黄大茶特有的焦香味。烘焙是采用栎炭明火，温度为130～150℃，每烘笼投叶约12.5千克，两人抬笼，仅几秒钟就翻动一次，翻叶要轻快而匀，防止断碎和茶末落入火中产生烟味。火功要高，烘得足，这样色香味才能得到充分提升，时间为40～60分钟，待茶梗折之即断，梗心呈菊状，茶梗显露金色光泽，芽叶上霜，焦香明显，即可下烘，趁热踩篓包装。

4. 堆 积

下烘后将茶叶趁热装篓或堆积于圈席内，稍加压紧，高约1米，放置在高燥的烘房内，利用烘房的热促进蒸变。堆积时间长短可视鲜叶老嫩、茶坯含水量大小及其黄变程度而定，一般要求5～7小时。茶站对收来的茶叶，先进行拉小火，烘到九成干，而后堆积，堆积时间相对长一点。堆积到叶色黄变，香气透露，即为适度，可开堆进行烘焙。

九、海马宫茶

（一）简 介

海马宫茶属黄茶类名茶。具有条索紧结卷曲，茸毛显露，青高味醇，回味甘甜，汤色黄绿明亮，叶底嫩黄匀整明亮的特点。

海马宫茶，由贵州茶农创制于乾隆年间。产于贵州省大方县的老鹰岩脚下的海马宫乡。海马宫茶采于当地中，小群体品种，具有茸毛多，持嫩性强的特性。谷雨前后开采。采摘标准：一级茶为一芽一叶初展；二级茶为一芽二叶；三级茶为一芽三叶。海马宫茶属黄茶类名茶。具有条索紧结卷曲，茸毛显露，清高味醇，回味甘甜，汤色黄绿明亮，叶底嫩黄匀整明亮的特点。

（二）加工技术

海马宫茶加工工艺分杀青、初揉、渥堆、复揉、再复炒、再复揉、烘干、拣剔等工序。

1.杀青

在锅径 35 ～ 50 厘米平底新锅内进行，锅温 140℃ 左右，投叶量 700 克左右。要求杀透杀匀，当叶面光泽消失，茶香透露，起锅乘热进行初揉。

2.初揉

把杀青叶放在簸箕内进行揉捻，当芽叶成条即进行渥堆。

3.渥堆

就是将茶叶捏成小团，用干净白布包裹好，放在盆内，压紧渥堆 24 小时，揉捻叶在渥堆的湿热条件作用下，形成了海马官茶别具一格的品质风格。

4.再复炒再复揉

渥堆好的茶叶，再经反复二次揉捻和炒干，达到揉紧条索、蒸发水分、增进香气的目的。

5.烘干

最后在灶上进行文火慢炕，时间长达 10 多个小时，以达到香高味醇和足干的目的。

6.拣剔

足干叶经过拣剔过筛，剔除组叶杂物，筛去碎末，分级包装贮藏。加工海马宫茶全过程历时 30 多小时。

十、广东大叶青

（一）简介

广东大叶青也称大叶青茶，主要产于广东省韶关、肇庆、湛江等县市、属于黄茶，是黄大茶的代表品种之一。制法是先萎凋后杀青，再揉捻闷堆。这与其他黄茶不同。产品品质具有黄茶的一般特点。外形条索肥壮、紧结、重实、老嫩均匀、叶长完整、显毫、色泽青润带黄；内质香气纯正、滋味浓厚回甘、汤色橙黄明亮、叶底淡黄。它是黄东黑茶、"老茶"加工的主要原料。

（二）加工技术

广东大叶青加工工艺分萎凋、杀青、揉捻、闷黄、干燥 5 道工序。

1. 萎 凋

鲜叶应均匀摊放在萎凋竹帘、竹垫上，厚度为 15 ～ 20 厘米，嫩叶要适当薄摊，老叶可适当厚摊。萎凋时间 4 ～ 8 小时。为使萎凋均匀，萎凋过程中要翻叶 1 ～ 2 次，动作要轻，避免机械损伤而引起红变。大叶青萎凋程度较轻，春茶季节萎凋叶含水率要求控制在 65% ～ 68%，夏秋茶 68% ～ 70%。如果鲜叶进厂时，已呈萎凋状态，则不必要进行正式萎凋，稍经摊放，即可杀育。

2. 杀 青

是制好大叶青的重要工序，对提高品质起着决定性作用。杀青方法可用手工或机械。以 84 型双锅杀青机为例，当锅温上升到 220 ～ 240℃时，可投入萎凋叶 8 千克左右，先透杀 1 ～ 2 分钟，再闷杀 1 分钟左右，透闷结合，杀青时间 8 ～ 12 分钟，当叶色转暗绿，有黏性，手捏能成团，嫩茎折而不断，青草气消失，略有熟香时即出锅。

3. 揉 捻

一般用中、小型揉捻机。揉捻要求条索紧实，又保持锋苗、显毫。因此不宜太重揉捻太重。以 65 型揉捻机为例，投叶量约 40 千克，全程揉捻时间 45 分钟，第一次揉 30 分钟，先不加压揉 15 分钟，再轻压 10 分钟，松脆 5 分钟，下机解块；第二次揉 15 分钟，先中压 10 分钟，后松压 5 分钟，解块筛分出一号茶、二号茶、三号茶，进行闷堆。

4. 闷 堆

闷堆是形成大叶青品质特点的主要工序。将揉捻叶盛于竹筐中，厚度 30 ～ 40 厘米左右，放在避风而较潮湿的地方，必要时上面盖上湿布，以保持揉捻叶湿润，叶温控制在 35℃左右。在室温 25℃以下时，闷堆时间 4 ～ 5 小时，室温 28℃以上时，3 小时左右即可。闷堆适度时，青气消失，发出浓郁的香气，叶色黄绿而显光泽。

5. 干 燥

分为毛火、足火。毛火温度 110 ～ 120℃，时间 12 ～ 15 分钟，烘至七八成干，摊凉 1 小时左右。足火温度 90℃左右，烘到足干，即下烘稍摊凉，及时装袋。毛茶含水率要求不超过 6%。对于粗老的茶叶，毛火可用太阳晒到七成干，再行足火。

制成的毛茶如果大小、粗细、老嫩不匀，可适当拣剔和筛分，但加工时，力求原身长条和芽叶完整。筛分后按标准样级别拼配。

蒙顶黄芽生产研发与技术人才

第一节 生产现状

一、生产销售

蒙顶黄芽作为历史名茶，生产从未间断，产量逐年上升，茶叶技术人员及企业根据市场发展，开发出了蒙顶山黄小茶、黄大茶，逐成系列，2019年生产量360吨，销售额9 400万元，其中黄芽茶3吨，产值1 200万元；黄小茶80吨，产值4 000万元，黄大茶280吨，产值4 200万元。与名山全区以绿茶、藏茶为主的总产量5万吨、综合产值63亿元相比其比重可是非常之小。

二、代表性品牌

蒙顶黄芽代表性品牌有蒙顶山茶、跃华、蒙顶、禹贡、味独珍、圣山仙茶、皇茗园、大川、蒙贡、蒙茗、卓霖、月辉谷、君黄凤团等。

三、生产企业

蒙顶黄芽主要生产企业有四川蒙顶山跃华茶业集团有限公司、四川省蒙顶皇

蒙顶黄芽的产品与包装（部分）

茶茶业有限责任公司、四川禹贡蒙顶茶业集团有限公司、四川蒙顶山味独珍茶业有限公司、四川蒙顶山茶业有限公司、四川川黄茶业集团有限公司、四川省蒙顶山皇茗园茶业集团有限公司、四川省大川茶业有限公司、雅安市名山区翠源春茶厂、四川省蒙顶山蒙贡茶业有限公司、雅安市蒙茗茶厂、雅安市名山区卓霖茶厂等，以及名山月辉谷茶坊、名山大水井茶社。

四、黄茶研发

1968 年 8 月，杨天炯撰写《蒙顶黄芽工艺技术研究报告》；1973—1975 年，国营蒙山茶场完成"蒙山茶品质提高研究"；1978—1980 年，完成"蒙顶皇茶制作工艺研究"；1983—1988 年，名山双河茶厂开展"名茶系列产品研制"，获四川省人民政府、四川科学技术协会二等奖；1985—1988 年，国营蒙山茶场、名山县茶厂等企业侯瑞涛、杨天炯、严士召等开展"蒙山名茶制作新工艺开发"，获四川省科学技术进步奖二等奖；1970—1990 年，李家光、王升平等开展的'蒙山9 号'等品种选育获四川省级茶树良种认定。

四川蒙顶山跃华茶业集团有限公司与四川省农业科学院、四川农业大学建立"产、学、研"合作关系，2009年10月，成立"雅安跃华黄茶研究所"，在陈昌辉、王云、何春雷、张跃华等共同研究开发检验，取得蒙顶黄芽工艺焖黄技术等科研成果。2011年9月，《蒙顶黄芽焖黄工艺技术》获四川省茶产业科技进步创新一等奖，绿色茶园被评为四川省茶叶企业最佳茶叶基地。完成省科技厅项目《一种蒙顶山黄芽茶的生产方法》《蒙顶山黄芽新工艺转化》。2017年，由农业部市场和经济信息司与浙江省政府主办的首届中国国际茶叶博览会总结大会在

茶叶专家杨天炯指导学生制茶

杭州市会展中心召开，国际粮农组织、国际茶叶组织、40余国主要负责代表大会用茶，由农业部选自全国六大茶类各一个，黄茶类代表为"蒙顶黄芽"，经遴选为跃华茶业制作的蒙顶黄芽产品。

雅安市名山区手工茶制作协会在原蒙山茶场职工现会长李海文、秘书长何长明等共同传承蒙顶黄芽、蒙顶甘露等传统工艺，开发蒙顶山黄小茶。

四川川黄茶业有限公司在非遗传承人刘羌虹带领下开发出"黄茶饼""小方饼"。四川雅安止观茶业有限公司，利用基地老树茶原料制成"君黄凤团""君黄龙团"。

四川蒙顶山大川茶业有限公司董事长、四川省制茶大师高永川与茶文化专家钟国林共同研制开发创新黄茶产品"金黄芽"，2016年获"世界茶联合会"颁发的"峨眉山杯第十一届国际名茶评比金奖"，2017年获"蒙顶山杯"中国黄茶斗茶大赛金奖。

以蒋昭义、柏月辉等为首的黄茶传承人员，除传承和研究传统黄茶技艺外，还研发各类产品，开

金黄芽

蒙顶山黄茶

发黄小茶、黄大茶、古树黄茶、铁夹子黄茶及茶胎果黄茶，丰富黄茶产品。

五、相关论著

蒙顶山黄茶及文化研究是随着蒙顶山茶文化的研究发展而扩大的。雅安市地方志办公室张栩为等编著了《名山茶业志》（1988年），县茶业发展局卢本德等2010年出版了《名山茶经》，2018年高殿懋等新编出版《名山茶业志》，陈椽主编《中国茶业通史》（1984年）、《中国名茶研究》（1988年）和《中国农业百科全书·茶业卷》（1988年）、陈宗懋主编《中国茶经》（1992年）、潘根生主编《茶业大全》（1995年）、王镇恒王广志主编的《中国名茶志》（2000年）、陈宗懋主编《中国茶叶大字典》（2008年）等均有黄茶工艺和文化的记载。

王少湘在《科学文艺》（1983年）发表《蒙顶茶》；杨天炯胡坤龙肖凤珍在《中国名茶研究选集》发表《蒙顶甘露工艺技术、蒙顶黄芽工艺技术》（1985年）。李家光撰写《名山名茶的形成与历史演变》《蒙山茶史初考》、邓健《蒙山名茶与自然环境》、李廷松《蒙山茶文化》《蒙山茶的历史演变》、钟国林《"蒙山仙茶"考》《"蒙顶山茶—性温"论》《古代蒙顶山茶对韩国的深远影响》《黄韵蜜香——蒙顶山黄芽》《千年贡茶——蒙顶黄芽》等，蒋昭义《漫谈雅安黄茶的"黄"》《素问蒙顶黄芽》等。

第二节　技艺传承

历史上，由于黄茶加工工艺复杂、耗时长、产量低，因此市场占有率低，属于小众茶。蒙顶黄芽在古代作为贡茶，其制作技艺主要在官府专人和寺院僧人中传承，掌握其技艺的人员非常有限，难以传到民间。

1951 年，西康省（1955 年并入四川省）农林厅在蒙山永兴寺建立"西康省茶叶试验场"。这时的蒙顶山由于经过晚清民国战争动乱已国衰民弱，很多茶园凋敝；加之民国"新生活运动"，寺院和文物破坏严重，及中华人民共和国成立后的土地改革，很多庙产充公或分给当地农民，永兴寺等寺院及财产归"西康省茶叶试验场"。永兴寺等寺院茶叶生产已不能为继，有部分僧人还俗，仍有部分留在寺中，继续念经修行，协助管理寺院，加工传承蒙山佛寺茶叶生产技艺。同期，千佛寺主持罗和尚，将千年以来的茶具及寺院茶叶制作方法传入大水井教书先生杨德斋，杨德斋又传其子杨廷仲，使蒙山茶寺院传统茶叶制作技艺得以保留。

1958 年，按照毛泽东主席"蒙山茶要发展，要与广大群众见面"的指示，名山县政府组织 800 人上蒙山开荒种茶，后四川省农业厅建立了"国营蒙山茶场"。1959 年，四川省雅安茶叶生产场及县商业局土产经理部所属茶厂，在雅安茶厂技术干部梁白希等人的指导协助下，通过老艺人和相关资料，及黄茶制茶师周银星制作，恢复蒙顶黄芽等传统名茶制作工艺。蒙顶黄芽工艺：鲜叶摊放→杀青→初包→二炒→复包→三炒→摊放闷黄→整形提毫→烘焙干燥。1963—1965年其工艺经杨天炯等记录整理，后形成黄茶制作规范，并定蒙顶黄芽为"黄茶"类名茶。其工艺技术成果资料，编入陈椽主编的《中国名茶研究选集》（1985 年版）和全国高等院校教材《制茶学》（1987 年版）。但其产量一直都较少，跟名山制作的蒙顶甘露、蒙山毛峰等绿茶、藏茶（黑茶）的产量和几千近万从业人员比，真正的少之又少（表 6-1）。

表 6-1　1950—2019 年蒙顶山黄茶产量及制茶人员统计　　　　　（吨）

年份	黄茶产量	制作人员	年份	黄茶产量	制作人员
1950	0.2	3	1990	4.1	16
1955	0.5	4	1995	15.6	20
1960	0.4	4	2000	62.3	22
1965	0.5	5	2005	130	25
1970	0.6	5	2010	180	30
1975	2.4	7	2015	260	30
1980	1.2	10	2018	293	35
1985	3.6	15	2019	360	52

晚清时期，名山茶叶最大茶商代表王恒升，师从官办贡茶坊从业的晚清大师王定玉。民国建立后，官办贡茶坊解体，王恒升等积极举办新式茶厂。后于20世纪30年代，传艺李公裕。随后李公裕于同期传艺周银星。周银星后在国营蒙山茶场工作，周银星、施嘉璠、杨天炯等传艺给职工陈少芬、钟秀芬、徐廷琼，知青成先勤、江晓波、张德芬等，江晓波传同事刘羌虹、侯建平等。成先勤、张德芬传艺儿子成昱、成波、徒弟杨静等。2003年，刘羌虹退休后，被四川川黄茶业有限公司聘请为技术顾问，刘羌虹传艺姜文举、周宏、李江及川黄公司法人代表和负责人张大富、张显龙、张显江等。味独珍茶业张强在蒙山茶场参加工作，跟茶场老师傅和父亲张作均学习和摸索黄茶制作，创办味独珍茶业，后

"中国黄茶大师"张跃华

被省文化厅认定为蒙顶黄茶手工制作非物质文化遗产传承人。杨天炯传技艺给其女杨红，传授跃华茶业张跃华，张跃华传子张波。2020年1月13日，中国茶叶流通协会（中茶协〔2020〕2号）公布评定的第三批全国制茶大师名单，四川蒙顶山跃华茶业集团有限公司张跃华荣获"中国黄茶大师"称号。

而寺庙供佛用黄茶工艺，20世纪80年代由杨廷仲传外孙谭旭，谭旭在原国营蒙山茶场工作，茶场经企业改制后，自己出来自谋职业，创建名山大水井茶社，从事茶叶生产经营，很好地保持了传统黄茶制作技艺。

四川农业大学茶学系，在教学中也讲述黄茶加工生产内容，喻衣尘、施嘉璠、李家光、任学敏、陈昌辉、杜晓、唐茜、何春雷等教授老师，对蒙顶黄芽理论有很深刻的见解。技艺教学推广和生产的人员有夏家英、吴祠平、黄益云、舒太勇、莫剑、杨瑞、代毅、蒋丹、郭磊、李涛等。

四川省农业科学院茶叶研究所钟渭基、王云、李春华、阚能才、罗凡、唐晓波、刘迎春、马伟等专家老师，在蒙顶黄芽的生产加工有相当深刻的研究总结。

四川省贸易学校及名山县职业中学茶学学生李应文、杨加祥、舒国铭等及外聘老师林静、夏家英、钟国林在教学中推广蒙顶黄芽加工技术。

随着茶叶消费市场的多元化、企业产品特色化及消费者对黄茶需求的增加，

名山不少企业和制茶师也开始涉及黄茶。茶文化专家蒋昭义先生，长期从事茶文化研究，热心茶叶事业，积极倡导黄茶推广，指导制茶师柏月辉建立月辉谷黄茶坊，开发蒙顶黄芽等产品，黄芽体现了传统的"三黄"特色和香甜醇厚，并取得了较好的成效。

　　蒙山派龙行十八式传承人、青年茶艺师卢丹，自己摸索黄茶制作，在钟渭基老所长、茶文化专家钟国林指导下，黄茶制作技艺突飞猛进，成为青年一代的代表。高级制茶师李含敏跟随蒋昭义、胡玉辉等多年学习体会，制作技术已达较高水平。同时，李含敏还专研黄茶机制工艺，改进和发明黄茶发酵机，目前正在申请发明专利。草木间茶业贾涛长期从事茶叶生产经营，与胡玉辉一起在蒋昭义指导下共同学习黄茶制作技艺，已具备一定水平。四川省茶文化研究会会长、成都宽和茶馆馆长何修武一直以来钟情于蒙顶山茶，研制开发雅安黄茶，大力推广发展黄茶。绵阳市邓小艳在名山手工茶协会、柏月辉处学得黄茶制作技术后，回北川县开发推出"北川黄茶""北川黄小茶""古树黄茶"，并荣获"蒙顶山杯"第四届中国黄茶斗茶大赛金奖，邓小艳被誉为"黄茶娘子"。加之书籍资料和录像、视频、电脑等现代传媒，有部分制茶人无师自学，在蒙顶山茶区、雅安和四川似有黄茶振兴的趋势（表 6-2 和表 6-3）。

表 6-2　蒙顶黄芽传承谱系

时　期	传承关系
明清至民国	王定玉（晚清）→王恒升（民初）→李公裕（民中）→周银星（20 世纪 30 年代）
	周银星（20 世纪 50 年代蒙山茶场制茶）
	施嘉璠（20 世纪 60 年代初，70 年代后到四川农学院从事教学工作）
	杨天炯、李廷松（20 世纪 60 年代初）
1949—1982 年	周银星、杨天炯（单位安排车间工作）→陈少芬、钟秀芬、徐廷琼、侯建平、江晓波、成先勤→刘羌虹、张德芬、陈光建、施友权、陈朝芬、周启珍、杨文英、李海文等
	罗和尚（20 世纪 50 年代）→杨德斋→杨廷仲
	杨天炯、徐廷琼→陈光建、林静、林勇、杨红、张跃华、陈兆康、何卓霖等（20 世纪 90 年代）
1982—2003 年	陈朝芬、周启珍→刘思祥等→刘伟
	成先勤、张德芬→成昱、成波及贾涛、杨静
	杨廷仲→谭旭（20 世纪 90 年代）

时 期	传承关系
2003 年至今	刘羌虹→姜文举、周宏、李江 张大富、张显龙、张显江 杨文英→杨文均等

表 6-3　近年来从教学、培训等不同渠道学习的技艺人员

从事教学、指导者	制作技艺人员
蒋昭义、夏家英、钟国林、胡玉辉、吴祠平等	柏月辉、李含敏、高先荣、文维奇、贾涛、黄奇美、许君励、何修武、邓小艳、卢丹、何卓霖、杨静、高永川、杨鑫、何丽蓉等

（注：本表为不完全统计）

蒙顶山茶省级非遗传承人
成先勤（左）指导杨静

杨静（左二）、蒋昭义（左三）
在研究黄茶

黄茶术语和简捷的冲泡贮藏方法

要正确饮用和品评黄茶，需要了解和掌握相应的知识与技术方法。

第一节　黄茶术语

黄茶术语指在茶叶领域内对黄茶外观和内质品质因子进行文字描述的统一称谓。它有助于对黄茶的统一认识、评定与宣传。

一、干茶形状术语

扁直：扁平挺直。

肥直：芽头肥壮挺直，满披白毫。形状如针。此术语也适用于黄绿茶和白茶干茶形状。

梗叶连枝：叶大梗长而相连。

鱼子泡：干茶有如鱼子大的突起泡点。

二、干茶色泽术语

金黄光亮：芽头肥壮，芽色金黄，油润光亮。

嫩黄光亮：色浅黄，光泽好。

褐黄：黄中带褐，光泽内敛。

青褐：褐中带青。此术语也适用于压制茶干茶、叶底色泽和乌龙茶干茶色泽。

黄褐：褐中带黄。此术语也适用于乌龙茶干茶色泽和压制茶干茶、叶底色泽。

黄青：青中带黄。

三、汤色术语

黄亮：黄而明亮。有深浅之分。此术语也适用于黄茶叶底色泽和白茶汤色。

浅黄：黄色淡。也可有于绿茶。

橙黄：黄中微泛红，似橘黄色，有深浅之分。此术语也适用于压制茶、白茶和乌龙茶汤色。

四、香气术语

嫩香：清爽细腻，有毫香。此术语也适用于绿茶、白茶和红茶香气。

清鲜：清香鲜爽，细而持久。此术语也适用于绿茶和白茶香气。

黄茶审评

清纯：清香纯和。此术语也适用于绿茶、乌龙茶和白茶香气。

蜜甜香：香甜中带花蜜香味。

焦香：炒麦香强烈持久。

松烟香：带有松木烟香。此术语也适用于

黄茶、黑茶和小种红茶特有的香气。

五、滋味术语

甜爽：爽口而感有甜味。

甘醇（甜醇）：味醇而带甜。此术语也适用于乌龙茶、白茶和条红茶滋味。

鲜醇：清鲜醇爽，回甘。此术语也适用于绿茶、白茶、乌龙茶和条红茶滋味。

醇厚：醇和而浓厚，回甘。此术语也适用红茶、黑茶、乌龙茶等。

六、叶底术语

肥嫩：芽头肥壮，叶质柔软厚实。此术语也适用于绿茶、白茶和红茶叶底嫩底。

嫩黄：黄里泛白，叶质嫩度好，明亮度好。此术语也适用于黄色汤色和绿茶汤色、叶底色泽。

叶底

第二节 饮用方法

蒙顶黄芽冲泡，主要体现黄茶特有的香气和汤色，黄芽茶、黄小茶宜选用瓷杯、玻璃杯和盖碗，黄大茶宜用紫砂杯冲泡。

一、瓷杯、玻璃杯冲泡方法

（一）泡法步骤

（1）置器，瓷杯、玻璃杯，杯泡更为理想，可品其味观其型，优质紫砂杯不带盖也可。用沸水冲洗干净、加温。

（2）选用适量水质较软的纯净水或矿泉水煮沸，待沸腾的水晾至 $88 \sim 93℃$。取 $3 \sim 5$ 克的蒙顶黄芽茶投入注水的茶杯里。茶水比例 $1:50$，如 3 克茶，150 毫升水。

（3）黄芽嫩度高，用 $88 \sim 93℃$ 水冲泡，采用中投法，将水直接倒入玻璃杯，至 1/3。轻轻将干茶拨入杯中。缓慢轻微地侧转动杯子，让水慢慢地浸润茶叶，让茶叶舒展开。再次加水至七分满，沿着玻璃杯的杯壁缓缓倒入，不要直接浇到茶叶上。

（4）泡开的黄芽，颗颗直立，有动感好看。观赏蒙顶黄芽茶叶慢慢沉入水中，静待大约 20 秒，再注水至茶杯的七八分满。然后浸泡大约 1 分钟后，即可饮用。

（二）品饮方法

冲泡好的蒙顶黄芽茶，先观其汤色，闻其香气，再品其滋味。品尝时，先小口品缀，让茶汤在口腔里停留片刻，入喉后，即可感受到蒙顶黄芽茶的清鲜、甜醇、甘甜滋味，口感非常的爽滑、润喉。

（三）注意事项

品饮时，第一泡不要一次喝完，剩下 1/3 茶杯的茶汤时，即要加水续泡。冲泡后不加盖，否则易导致茶叶焖熟，汤色变暗。浸泡 1 分钟后，溶入茶汤的物质充分的协同、拮抗作用，达到蒙顶茶滋味浓厚、丰富有层次的特点。每杯喝完蓄留 1/3 的母汤以续杯。

同样的茶水比例，采用工夫茶艺冲泡法每泡出汤，若坐杯时间短出汤则层次、滋味、茶汤上不能获得口感滋味饱满的综合体验；坐杯时间长出汤则茶汤苦涩味偏重。可以加大投茶量，快速出汤，以获得较好的滋味口感。

二、分杯泡法

（一）出汤泡法

1. 置　器

盖碗（壶）、公道杯、品茗杯、茶滤、茶洗。

2. 泡法步骤

（1）烧水，至水开，赏干茶；

（2）温杯洁具，预热盖碗（壶）；

（3）按每30毫升水1克茶叶投茶，合盖摇动醒茶，闻香；

（4）待水开后凉置到90℃左右，注水开汤；

（5）第一至第三道40秒左右出汤，赏汤、闻香、品茗；

（6）第四道起每道延时30秒出汤，至第八道，赏叶底。

此为常规泡法，类似于工夫茶泡法，可以将茶的每一道变化完整呈现，适合在泡茶条件较好的家中、茶室进行。

（二）留底泡法

1. 置　器

盖碗、玻璃杯或水瓶（不保温）。

2. 泡法步骤

（1）烧水，至水开，赏干茶；

（2）温杯洁具，预热茶器；

（3）按每60毫升水1克茶叶投茶，摇动醒茶，闻香；

（4）待水开后凉置到90℃左右，注水刚好没过茶干；

（5）划圈摇动茶具，闻香，后注满水；

（6）静待片刻，等水温适口，直接品饮；

（7）留底三成以上，加汤，重复步骤（6）和步骤（7）数次。

此为最简单的泡法，可以快速冲泡，在简陋的条件下也能喝到那道茶，最适合在办公室、劳作过程、旅途中泡饮。

（三）闷泡法

1.置　器

保温壶、公道杯、品茗杯。

2.泡法步骤

（1）烧水，至水开，赏干茶；

（2）洁具，按每120毫升水1克茶叶投茶；

（3）待水开后凉置到90℃左右，注水，合盖；

（4）第一道15分钟左右出汤，赏汤、品茗、闻香；

（5）第二道30分钟左右出汤，赏汤、品茗、闻香；

此为品饮黄茶的特殊泡法，与黄茶的闷黄的"沤"相对应，保温壶"闷"呼应了黄茶的制作工艺，别具一格地展现了黄茶独特的魅力：茶汤醇厚，甜香直接、回甘有力，喉韵独特而明显。这是一种玩家级的泡法。

（四）冷泡法

1.置　器

大容积水杯。

2.泡法步骤

（1）洁具，备水，水温在50℃以下；

（2）按每120毫升水1克茶叶投茶，注水；

（3）第一道静置8小时，出汤；

（4）重复以上步骤；

（5）水温可根据个人情况调整，温度越高出汤越快，若在冰箱冷藏室冰镇，出汤时间延长至12小时。

此为品饮黄茶的特殊泡法，冷泡法最大限度地保持了茶叶内含物质的完整性，在保持茶汤鲜爽度的同时，又不会过度苦涩，温柔的闷泡。这是一种玩家级的泡法。

第三节　特色茶艺

　　蒙顶山茶艺，有"天风十二品"和茶技"龙行十八式"两大类，分属典雅型与刚健型。两型一柔一刚，一文一武，一静一动，乃茶技、茶艺、茶道的完美融合，堪称四川茶艺"双璧"，被誉为中国茶文化艺术的两座里程碑。据史书记载，四川茶艺茶道至少有千年历史，堪称中国茶道的祖庭。

　　"天风十二品"茶艺讲的是如何泡茶、闻茶、送茶、饮茶的奥妙，它原为玉壶蓄清泉、甘露润仙茶、迎客凤点头等12式。表演者按照每一式将茶叶泡好，然后将热气腾腾、香气怡人的川茶献于品尝者。看着优雅的表演，品尝着蒙顶仙茶，让人有一种身心放松，心旷神怡的感觉。"天风十二品"基本程序如下。

（点香）焚香祭茶祖

（温杯）圣水涤凡尘

（蓄水）玉壶蓄青泉

（赏茶）碧玉落清江

（投茶）清宫迎佳人

（润茶）甘露润仙茶

（冲水）迎客凤点头

（奉茶）玉女献香茗

（候汤）碧波荡雀舌

（闻香）茶香沁心脾

（品茶）舌淡味悠长 　　　　　　　　（谢茶）茶融宾主情

（杨静　摄）

第四节　品评选购

蒙顶黄芽为黄茶之极品，扁平挺直，色泽嫩黄油润，全芽披毫，甜香馥郁，汤色嫩黄明亮，滋味鲜爽甘醇，叶底黄亮鲜活。采摘于春分时节，茶树上有10%的芽头鳞片展开，即可开园采摘。选圆肥单芽和一芽一叶初展的芽头，经复杂制作工艺，使成茶芽条匀整，扁平挺直，色泽黄润，金毫显露；汤色黄中透碧，甜香鲜嫩，甘醇鲜爽。黄小茶和黄大茶的品评选购办法也基本相同，具体方法如下。

干茶

开汤

一看：无茶梗、无叶柄者为上品。看芽头多少、叶质老嫩及条索的光润度。此外，还要看峰苗的多少；一般以芽头肥壮的实心芽为好，是早春茶的标志；叶质老、身骨轻为次，细瘦长的空心芽等级稍次。

二闻：拿一撮干品茶叶放在手掌中，用嘴哈气，使茶叶受微热而发出香味，可闻几次，以辨别香气的浓淡、强弱和持久度。还可以闻闻茶叶的香气是否正常，是否有烟味、焦味、霉味、馊味或其他不正常的气味。

三尝：鉴别茶叶真假与品质，用以下方法最为有效。上品茶，嚼后即使有苦味，嚼后肯定有甘甜感觉或有余香。若茶叶品质较差，则会有涩味，甚至让您张不开嘴巴。若有添加物和异味，也一尝便知。

四泡：这也叫开汤。开汤后，先嗅杯中香气，再看汤色、品尝滋味。上等蒙顶黄芽茶叶"黄叶黄汤"其汤色黄亮透碧，香甜鲜嫩，滋味鲜醇回甘。

第五节　特色茶餐

一、黄茶油焗金瓜

这道茶宴是雅安市名山区茗山福隆大酒店研制。色泽分明，瓜香软糯，酱香和茶香味突出。

（一）原　料

金瓜 1 个、黄茶 15 克、大蒜 20 克、洋葱 20 克、香菜梗 5 克、海鲜酱、排骨酱、柱侯酱、蚝油、味精、鸡精、白糖、茶油。

（二）制作步骤

第一步：将金瓜洗净去籽，切成月牙块，加入海鲜酱、排骨酱、柱侯酱、蚝油、味精、鸡精、白糖调味。

第二步：取大码碗一个依次放入码好的金瓜、香菜梗、洋葱、大蒜，选"荥经砂锅"一口，将菜油放入锅中烧热，然后下入定好碗的金瓜，加盖煮 15 分钟即可。

第三步：开盖将金瓜翻入盘中，加上新鲜的茶叶围边便成。

二、黄茶黄牛肉

该菜品由跃华茶业研制。用跃华极品手工黄茶，酿制成特有的黄茶卤水，将清溪黄牛肉进行卤制，口感带有淡淡的蜜糖香。肉质绵软，回味绵长。

（一）原　料

牛肉 500 克、黄芽 3 克、黄小茶 20 克、豆瓣酱 50 克、料酒 50 克、白糖 50 克、生抽 20 克、桂皮 20 克、茴香 20 克、花椒 10 克、姜片 30 克、葱 30 克、油 25 克、蒜 2 瓣。

（二）制作步骤

第一步：用跃华所产手工黄茶，酿制成特有的黄茶卤水。

第二步：牛肉切块，锅里水烧开，牛肉放进去大火烧 1 分钟，取出洗净。

第三步：牛肉入锅加开水、桂皮、茴香、葱段、姜片、料酒，中火煮 1 小时。

第四步：另起炒锅，放入少许油，爆香大蒜颗粒，加入辣豆瓣酱、川花椒、料酒、酱油共炒 2 分钟。

第五步：把炒好的调味酱加入牛肉锅中，加冰糖继续煮 1 小时，其间翻几次，尝味，酌情添加酱油、冰糖。

第六步：将 3 克黄芽用 30 毫升开水冲泡，备用。

第七步：待到汤汁收浓时，肉烂关火，撒上浸煮过的黄芽茶汤和芽，即成。

三、黄茶猪肉饺子

该菜品由跃华茶业研制。

（一）原　料

面团 300 克、猪肉末 200 克、马蹄、香菇、胡萝卜丁、植物油适量、盐适量、大葱适量、花椒粉适量、鸡精适量、酱油适量。

（二）制作步骤

第一步：泡茶水。采用早春的高山有机原料，用三炒三焖的传统工艺加工的黄芽。再用山泉水烧沸后水温凉到 90℃。

第二步：拌肉馅。猪肉馅加入切细碎大葱，加入黄茶叶底末、马蹄、香菇、胡萝卜丁及盐、酱油、油、鸡精、花椒粉，调匀。调好后腌制 15 分钟。

第三步：做面皮。用第三泡茶汤来调馅和面粉，成面团，然后切小剂子，压皮。

第四步：包饺子。然后按自己需要开关包成一个个饺子，下锅煮 3 分钟，中间汆一小碗冷水紧一下，待饺子上浮在水面再煮 1 分钟即可。或用蒸锅、蒸屉蒸 10 分钟即可。

第五步：出锅蒸。盛入盘里，即可食用。

第六节　贮藏方法

一、贮存原则

蒙顶黄芽贮藏应遵循避光、干燥、密封、低温、避异味原则。

避光：应该用不透光的材料包装茶叶。

干燥防潮：黄茶成品干度一般在含水率 5%。超过 6.5% 后陈化加快，陈气加重，易发生霉变。

密闭：茶叶是一种疏松多孔的亲水物质，具有很强的吸湿性。密封，隔绝空气、异味。石花茶叶中的叶绿素、醛类等容易与空气中的氧结合，氧化后的茶叶会使茶叶汤色变红、变深，降低营养价值。

低温：茶叶保存最佳温度为 5℃ 以下，低于 0℃ 的温度，易造成茶叶的香气沉闷。温度高，容易陈化。量大的入冻库，量少的最好密封保存在冰箱的冷藏室里。

避异味：茶叶是一种多孔疏松体，非常容易吸收异味。所以存放时尤其要注意不要和气味重的东西一起存放。

二、贮存方法

（一）罐存法

是一种传统贮存方法，先在陶缸的底部放一层生石灰，上面放置一片石片，再将茶叶用干净的牛皮纸袋装起来，放置在石片上。缸口注意要密封。此法可保证两年内茶叶不会变质。

（二）真空冷藏法

将茶叶放在质量较好的不透光的防辐射袋里，抽真空（不要抽得太紧，否则茶叶容易碎），封口，然后置入冷藏柜里。此法可更好地保持茶叶的色泽，保存期限在 3 ～ 5 年。开封的茶叶必须很快喝完，否则会快速氧化导致茶叶味道变差。如果有条件可以用小包装抽真空。每次取一小包喝，喝不完的用夹子夹好袋口放到茶叶罐里。

（三）冰　柜

小量的或门市贮存一般使用冰柜。黄茶温度要求不如绿茶要求低，冰柜温度控制在 0 ～ 5℃。

（四）冷藏库

大型的企业贮藏必须要建冷藏库。仓库在存放茶叶产品前要进行严格的清扫和灭菌消毒，周围环境必须清洁卫生。按照入库先后、生产日期、批号分别存放，禁止将不同生产日期的产品、不同包装的产品混放。定期对贮藏库采用干燥、低温、密闭与通风、紫外线等方法消毒，禁止使用人工合成的化学物品及有潜在危害的物品。工作人员必须遵守卫生操作规定。

茶叶的吸附性很强，贮藏要防异味，具体包括：包装无异味；包装严密，不与外界接触；库房内不存放与茶无关的杂物、特别是有异味的物品；库房周围无异味与杂物堆放；不同品类的茶分开堆放；保管人员不要擦香水等异味；防止猫、狗、鼠等动物进入库房。

贮藏仓库必须与相应的装卸、搬运设施相配套，防止茶叶在装卸、搬运过程中受到挤压和污染。建立严格的仓库管理记录档案，详细记载进入、搬出茶叶的种类、数量和时间。

常饮用的茶叶可以放在冰箱冷藏室 5℃左右保存；未开封的茶叶，如果想保存一年以上，则应放入冷冻室。在低温密闭条件下，茶叶一般可贮藏 5 ~ 8 年，品质风味也醇和，最高不超过 10 年。

三、运输清洁

运输茶叶的工具在装入茶叶之前必须清扫干净，必要时进行灭菌消毒。运输茶叶的工具禁止混装有污染或有潜在污染的化学物品。

四、销售清洁

销售点必须远离厕所及存放有毒有害物品的场所。室内建筑材料不能对茶叶产生污染，室内配备茶叶贮藏、防蝇、防鼠及防尘设备，严格禁止猫、犬进入。

销售门市中使用的电冰柜装茶叶保鲜效果很好，但要注意用塑料袋把茶叶封严，防止漏气。打开未销售完的茶叶必须迅速将包装袋封好。

从事茶叶销售的工作人员必须按照食品卫生管理的规定，保持衣服、手及周围环境的清洁卫生。工作人员应经常对室内进行清扫和消毒。在销售时所用的容器、盛具必须消毒（禁止使用人工合成的洗涤剂、杀虫剂作为消毒剂）。柜台、地面、墙壁、空气、手套等都要定期进行严格的冲洗和消毒。

第七节 保健功效

除一般茶叶有助于强心脏、解痉挛、兴奋、利尿、抑制动脉硬化、防龋齿、抑制癌细胞、减肥作用外，蒙顶黄芽醇和香甜，具有暖胃、降血脂、降血压等保健作用。性质温和、润喉生津明显，适宜体质较虚弱者，即虚寒体质，肠胃虚寒，特别是老年人，身体机能下降者长期饮用。

黄茶是沤茶，在经过堆沤的过程中，会产生大量的消化酶，消化不良、食欲不振、懒动肥胖、都可饮而化之，对脾胃大有好处。

纳米黄茶能更好地发挥黄茶原茶的功能，纳米黄茶茶汤成分能进入脂肪细胞，使脂肪细胞在消化酶的作用下恢复代谢功能，促进脂肪代谢。

沾取黄茶汤按摩二扇门（手背中指根两侧凹陷点穴位）能使微量元素透入穴位，增强穴位磁场产生调节作用，促进脂肪代谢。

黄茶中富含茶多酚、氨基酸、可溶性糖、维生素等丰富营养物质，对防治食道癌有明显功效。

黄茶鲜叶中天然物质保留有 85% 以上，而这些物质对防癌、抗癌、杀菌、消炎均有特殊效果。

具有养胃、降糖和润肺的作用。2019 年 6 月 21 日举行的"众里寻他千百度论道中国黄茶活动"上，国家植物功能成分利用工程技术研究中心主任、湖南农业大学茶学教育部重点实验室教授、中国工程院院士刘仲华用一系列科学研究为佐证，高度总结了黄茶的三大保健功效，即养胃、润肺和降糖。刘仲华院士研究团队借助肠道菌群理论，发现了黄茶对人体肠道菌群的调节作用。

刘仲华院士研究团队利用生物信息理论结合大数据分析，把肠道内有害微生物和有益的微生物，包括细菌和真菌进行量化分析，结果发现黄茶可以使肠道菌群的结构优化，让消化吸收代谢系统更加有序温和地进行，因此建议胃不好的人可以尝试一下黄茶。在降糖的研究中，刘仲华院士团队发现了长期品饮黄茶有助血糖降低的两个原因。一是能够刺激 β 细胞，更多地分泌胰岛素；二是能够改善人体对于胰岛素的抵抗（作用）。这两个方面的协同作用，能够使我们在品饮一定剂量的黄茶的时候，血糖降低，刘仲华院士团队通过研究相同剂量下不同茶类的降糖效果发现，黄茶具有较好的降糖作用，常喝黄茶对餐后血糖的降低与空腹血糖的降低均有较好的效果。

刘仲华院士指出"润肺"其实是对黄茶保护肺部机能作用的通俗说法。刘仲华院士团队研究发现，常饮黄茶可以降低雾霾中 PM2.5 对肺部的损伤。经检测，空气中对人体有害的尘埃粒子比较多，包括 PM2.5 在内，它对我们的肺部呼吸系统会产生伤害。通过试验检测，发现灌喂黄茶茶汤能够有效地提升动物抵御 PM2.5 的能力，对肺部有很好的保护作用。所以不管是遇到了不良的空气，还是经常抽烟，都会对呼吸系统有一定的伤害，研究发现品饮黄茶预防呼吸系统伤害效果非常明显。为了让消费者更好地理解，我们改成通俗的说法——润肺。

不朽的诗词故事

第一节　诗词歌赋

汉至清代，颂扬赞美蒙顶山茶的诗词歌赋非常多，仅现可查证的就有200余首，现摘其与蒙顶山茶及历史有关的如下。

茶　岭
唐　韦处厚

顾渚吴商绝，蒙山蜀信稀。

千丛因此始，含露紫英肥。

韦处厚：(773—828)：字载德，京兆（今陕西西安人），唐元和初年举进士，任咸阳尉，迁右拾遗。累官至中书侍郎，同中书门下平章事。历宪宗、穆宗、敬宗、文宗四帝，一时推为贤相，惟好学，藏书万卷。

蒙顶茶
宋　文彦博

旧谱最称蒙顶味，露芽云液胜醍醐[①]。

---

① 醍醐：反复精炼的奶酪

公家药笼虽多品，略采甘滋助道腴①。

文彦博（1006—1097）：字宽夫，汾州介休（今山西介休）人，天圣五年（1027年）进士，任参知政事，同中书门下章事（宰相），累仕四朝，出将入相五十余年，92岁卒，封潞国公，亦称文潞公，谥号"忠烈"。

七言四韵十六首 其一十一
宋　张伯端

人人尽有长生药，自是愚迷枉摆抛。

甘露降时天地合，黄芽生处坎离交。

井蛙应谓无龙窟，篱鹢②争知有凤巢。

丹熟自然金满屋，何须寻草学烧茅③。

张伯端（983—1082）：字平叔，号紫阳，后改名用成（或用诚）敕封"紫阳真人"。北宋时天台（今属浙江）人。人称"悟真先生"。自幼博览三教经书，涉猎诸种方术。《悟真篇·序》有："仆幼亲善道，涉躐三教经书，以至刑法书算、医卜战阵、天文地理、吉凶死生之术，靡不留心详究。"曾中进士，后谪戍岭南。曾于成都遇仙人授道，后著书立说，传道天下。

和门下殷侍郎新茶二十韵
宋　徐　铉

暖吹入春园，新芽竞粲然。

才教鹰嘴坼，未放雪花妍。

荷杖青林下，携筐旭景前。

孕灵资雨露，钟秀自山川。

碾后香弥远，烹来色更鲜。

名随土地贵，味逐水泉迁。

力籍流黄暖，形模紫笋园。

正当钻柳火，遥想涌金泉。

---

① 道腴：味道之腴，浓厚
② 篱鹢：篱笼里的凤凰
③ 烧茅：又称茅卜，用琼茅来占卜吉凶

任道时新物，须依古法煎。

轻瓯浮绿乳，孤灶散余烟。

甘荠非予匹，宫槐让我先。

竹孤空冉冉，荷弱谩田田。

解渴消残酒，清神感夜眠。

十浆何足馈，百榼①尽堪捐。

采撷唯忧晚，营求不计钱。

任公因焙显，陆氏有经传。

爱甚真成癖，尝多合得仙。

亭台虚静处，风月艳阳天。

自可临泉石，何妨杂管弦。

东山②似蒙顶，愿得从诸贤。

徐铉（917—992）：字鼎臣，广陵（今扬州）人。曾任南唐史部尚书，后随主归宋，仕太子率更令。生平善诗文，与弟徐锴并称"二徐"，著有《徐文公集》。

和原父扬州六题时会堂二首之一
宋　欧阳修
积雪犹封蒙顶树，惊雷未发建溪春。
中州地暖萌芽早，入贡宜先百物新。

欧阳修（1007—1072）：字永叔，号醉翁，庐陵（今江西省吉安市）人。宋仁宗天圣八年（1030年）进士，曾任谏官后拜参知政事，徙青州。因与王安石不合，以太子少师致仕。文章冠天下，文坛领袖，"唐宋八大家"之一，撰有《新唐书》《新五代史》等。

谢人惠寄蒙顶茶
宋　文　同
蜀土茶称圣，蒙山味独珍。

---

① 榼：音kē（苛），古代盛酒器具
② 东山：作者家乡扬州仪征市东山

灵根托高顶，胜地发先春。

几树惊初暖，群篮竞摘新。

苍条寻暗粒，紫萼落轻鳞。

的皪香琼碎，鬖鬑绿虿匀①。

漫烘防炽炭，重碾敌轻尘。

惠锡泉来蜀，乾崤盏自秦②。

十分调雪粉，一啜咽云津。

沃睡迷无鬼，清吟健有神。

冰霜凝入骨，羽翼要腾身。

磊磊真贤宰，堂堂作主人。

玉川喉吻涩，莫厌寄来频。

　　文同（1018—1079）：字与可，号笑笑先生。宋仁宗皇祐元年（1049年）进士，官司封员外郎，出守湖州，称文湖州。四川梓潼人，是著名的诗人、书画家，善画竹、山水，著《丹渊集》。

中吕·阳春曲
赠茶肆
元　李德载

　　茶烟一缕轻轻扬，搅动兰膏四座香。烹前妙手赛维扬。非是谎，下马试来尝。

　　黄金碾畔香尘细，碧玉瓯中白雪飞。扫醒破闷和脾胃。风韵美，唤醒睡希夷。

　　蒙山顶上春先早，扬子江心水味高。陶家学士更风骚。应笑倒，销金帐③，饮羊羔④。

　　龙团香满三江水，石鼎诗成七步才。襄王无梦到阳台。归去来，随处是蓬莱。

---

　　① 鬖鬑绿虿匀：鬖鬑：音sān（三）lán（蓝），头发长。虿，音chāi（钗），女子卷发。全句形容成茶条细长卷曲、色绿而匀净
　　② 乾崤盏自秦：乾崤盏名品产于陕西
　　③ 销金帐：用金银铜等名贵金属作为穿榫零件和装饰的帐篷
　　④ 羊羔酒：用嫩肥羊和糯米、药材等原料发酵制成的酒

一瓯佳味成诗梦，七碗清香胜碧筒。竹炉汤沸火初红。两腋风，人在广寒宫。

木瓜香带千林杏，金橘寒生万壑冰。一瓯甘露更弛名。恰二更，梦断酒初醒。

兔毫盏内新尝罢，留得余香在齿牙。一瓶雪水最清佳。风韵煞，到底属陶家。

龙须喷雪浮瓯面，凤髓和云泛盏弦。劝君休惜杖头钱①。学玉川，平地便升仙。

金樽满劝羊羔酒，不似灵芽泛玉瓯。声名喧满岳阳楼。夸妙手，博士便风流。

金芽嫩采枝头露，雪乳香浮塞上酥。我家奇品世上无。君听取，声价彻皇都。

李德载：生平、里籍均不详。本曲来自《全元散曲》，（太和正音谱）列其为"词林英杰"。

醉酒轩歌为詹翰林东图作（节选）

明　王世贞

糟丘欲颓酒池涸，嵇家小儿厌狂药。
自言欲绝欢伯交，亦不愿受华胥乐②。
陆郎手著茶七经，却荐此物甘沉冥。
先焙顾渚之紫笋，次及扬子之中泠。
徐闻蟹眼吐清响，陡觉雀舌流芳馨。
定州红瓷玉堪妒③，酿作蒙山顶头露。

王世贞（1526—1590）：字元美，号凤洲，又弇州山人，江苏太仓人。万历时官至刑部尚

---

① 杖头钱：古人将钱袋和酒瓶系在拐杖上，这里指买酒钱
② 华胥乐：华胥，伏羲氏之母亲。黄帝昼寝梦游华胥之国，其国无师长，其民无嗜欲……不知背逆，不知向顺，故无利害（列子）。古代理想之国
③ 定州红瓷玉堪妒：定窑生产的紫定茶具（非常珍贵）玉石也很嫉妒。宋代定窑今河北定县以生产白瓷称著，"红瓷"是定窑中褐红色瓷，通常称为"紫定"，自来非常名贵

书，其文与李攀龙齐名。李殁后王主文坛二十年。著有《弇州山人四部稿》等。

辨物小志
明 陈 绛

扬子江心水，蒙山顶上茶。

陈绛（1515—1587）：字用言，明代上虞人，居金山，自号山子，明世宗嘉靖二十三年（1544 年）进士，官至太仆寺卿、应天府尹。著有《辨物小志》、与同乡举人陶承学共撰写修编《续镌山堂遗集》。

茶马（节选）
明 汤显祖

黑茶一何美，羌马一何殊。
羌马与黄茶，胡马求金珠。

汤显祖（1550—1616）：明代戏曲家、文学家。字义仍，号海若、若士、清远道人。汉族，江西临川人。出身书香门第，早有才名，不仅于古文诗词颇精，而且能通天文地理、医药卜筮诸书。万历十一年（1583 年）中进士，先后任太常寺博士、詹事府主簿和礼部祠祭司主事。汤显祖的成就中，以戏曲创作为最，其戏剧作品《还魂记》《紫钗记》《南柯记》和《邯郸记》合称"临川四梦"，其中《还魂记》（即《牡丹亭》）是他的代表作。

蒙顶石茶
清 曹抡彬

香酪馥馥产蒙巅，雾雾云村植自山。
老树未长二三尺，新芽只摘两三编。
灵根夏永金茎茂，仙叶秋收古干恹[1]。
直待来年频发育，殷勤又献圣人前。

---

[1] 古干恹：古枝老干精神萎靡。《天下大蒙山》碑载：高不盈尺，不生不灭，迥乎寻常。 恹：音 yān（焉），精神萎靡状

曹抡彬：贵州黄平县人，清康熙四十八年（1709年）进士，乾隆四年（1739年）任雅州知府，著有《雅州府志》十六卷。

烹雪叠旧作韵（节选）
清　爱新觉罗·弘历

通红兽炭室酿春[①]，积素龙樨[②]云遗屑。

石铛[③]聊复煮蒙山，清兴未与当年别[④]。

圆瓷贮满镜光明，玉壶一片冰心裂。

须臾鱼眼沸宜磁，生花犀腋繁于缬[⑤]。

软饱何妨滥越瓯，大烹讵称公鼐列。

爱新觉罗·弘历，年号"乾隆"（1711—1799）：清朝第六位皇帝，定都北京之后的第四位皇帝，庙号"高宗"。编著《四库全书》，撰有《御制诗初集》等。

蒙顶茶歌
清　王梦庚

西蜀名茶名不一，雅雨飞沾总无匹。

峨眉山顶灵液分，临邛道上春芽摘。

就中惟有蒙顶高，上清峰矗千层霄。

层霄为有仙灵护，春雷独逗崖颠树。

雨前叶叶珍收罗，锦楪银瓶岁供御。

旗枪一寸抵寸金，胜馥残膏不易寻。

我到蜀中逾十稔，眠思梦想劳烦襟。

朅[⑥]来清溪偶延伫[⑦]，主人为设煎茶具。

---

① 室酿春：温度升起犹如暖春

② 积素龙樨：厚厚的白雪压满了木樨树

③ 石铛：玉石的三足锅。铛，音chēng，温器，似锅，三足

④ 清兴未与当年别：清高和雅的兴致未与当皇帝之前丢失

⑤ 犀腋：珍贵的茶芽。缬，音xié，眼花时所看到的星星点点

⑥ 朅：音qiè，离去，去

⑦ 延伫：徘徊观望，犹豫不决。唐　孟郊《宿空侄院寄澹公》诗："明日策杖归，去住两延伫。"伫，音zhù，同伫，长时间地站着

肯分数片蒙顶青，沆瀣醍醐^①走无处。

驱驰日日逐劳薪，雨咽风饕^②怅此身。

一滴清泉泻肺腑，便超历劫见天真。

天真苦自撄尘网，羶酪^③浓浆殊鲁莽。

何当独访甘露禅，七株树底拥炉眠。

扫却玉川鸿渐谱，搜剔山泉手自煎。

蒙顶茶（节选）
清　王梦庚

仙人羽化不复返，峰头万古围烟霞。

仙风吹动甘露涌，千寻琼液滋灵芽。

若有人兮山之顶，乘风来往如云影。

冻老苍苔绁叶浓，穿开白石珊枝冷。

餐霞吸露味有余，留向人间作仙茗。

仙家有种非人间，黄芽炼就起尘寰。

禹贡山经不能识，旅平徒见峰屏颜^④。

灵根苍茫莫鳌极，天神呵护群真惜。

王梦庚：（—1843），字槐庭，号西疃。浙江金华人，嘉庆癸酉拨贡，历官四川川北道、重庆府知府等，四川任州县40余年。有《冰壶山馆诗钞》传世、主修《重庆府志》《新津县志》。

答竹君惠锅焙茶（节选）
清　吴闻世

我闻蜀州多产茶，槚菽茗莽名齐夸。

涪陵丹棱种数十，中顶上清为最嘉。

---

① 沆瀣醍醐：比喻仙露美酪。沆瀣，夜间的水汽、露水。醍醐，酥酪上凝聚的油

② 饕：音 tāo，一种贪财的动物

③ 羶酪：羊乳做的酥酪。羶，音 shān，同膻。像羊肉的气味

④ 屏颜：参差不齐、险峻高耸貌

临邛早春出锅焙，仿佛蒙山露芽翠。

压膏入白筑万杵，紫饼月团留古意。

火井槽边万树丛，马驮车载千城通。

性醇味厚解毒疠，此茶一出凡品空。

吴闻世：（1848—1903），字秋农，号秋圃。浙江嘉兴人，清代著名画家。

东茶颂（节选）

朝鲜（清）草衣禅师

道人雅欲全其嘉，曾向蒙顶手栽那。

养得五斤献君王，吉祥蕊与圣杨花①。

东国所产元相同，色香气味论一功。

陆安之味蒙山药，古人高判兼两宗。

草衣禅师（1786—1866），曾在丁若镛门下学习，通过40年的茶生活，领悟了禅的玄妙和茶道的精神，著有《东茶颂》和《茶神传》，成为朝鲜茶道精神伟大的总结者，被尊为茶圣，丁若镛的《东茶记》（遗失）和草衣禅师的《东茶颂》是朝鲜茶道复兴的成果。

蒙山次韵（节选）

清　陈善言

禹贡纪蒙山，旅平在其间。

峨祭遥峰矗，青羌曲水弯。

上有仙茶屈，充贡喜天颜。

神嗜苾芬祝具醉，物产精灵通帝苑。

肯偕凤饼与龙团，徒逞生风事游戏。

石排笋、峰吐莲，七株参差列高巅。

云蒸霞蔚长封护，种植直溯汉代先。

---

① 吉祥蕊与圣扬花：陶谷的《清异录》载：吴僧凡川住蒙顶，结庵种茶，凡三年，味方全美，得绝佳者"圣扬茶""吉祥蕊"所采不逾五斤，持归供献

灵根藏岳麓，旗枪展复缩，

采摘候雷霆，凡品焉能逐。

陈善言：字赓唐，四川名山县，咸丰辛亥举人。嗜诗古文词及登贤书，主讲仰山书院。生平著述颇富，兵燹后散佚。今仅存《蒙山志略》《凌云山房诗钞》若干卷。

皇茶园

清　赵　怡

苍翠五峰巅，灵根风露缠。

贡香三百叶，仙植二千年。

品重圜丘[①]祀，枝披禁箍[②]妍。

於菟[③]双白额，长护碧云眠。

赵怡（？—1914）：贵州遵义人，清光绪十八年（1892年）进士，曾任四川新津知县。经术文章皆有法度，在成都创办客籍学堂。光绪十八年受名山知县弟赵懿邀请来名撰修《名山县志》，任总纂。撰《汉（敝邑）生诗集》《文字述闻》《转注新秀》等。

天盖寺

清　赵　怡

觚棱挂云表，古寺著中峰。

满地汉唐树，三天朝暮钟。

佛驯守茶虎，僧豢听经龙。

欲访灵师迹，还从五顶逢。

---

① 京师天坛。圜，音 huán，环绕
② 皇家禁地。箍 gū 同箍。用篾或金属条等围束器物
③ 楚人谓虎于菟

蒙山采茶歌

清　赵　懿

昆仑气脉分江河，枝干漫衍为岷嶓。

岷山东走势欲尽，散为青城玉垒兼三峨。

其间一峰截然立，禹平水土曾经过。

奔泉流沫数百道，鸿蒙云气相荡磨。

昔有吴僧号甘露，结茅挂锡山之阿。

偶然游戏植佳茗，岂意千载留枝柯。

五峰攒簇似莲萼，炎旸雨露相调和。

灵根不枯亦不长，蒙茸香叶如轻罗。

自唐包贡入天府，荐诸郊庙非其他。

火前摘取三百叶，诸僧膜拜官委蛇。

银瓶缣箱慎包裹，奔驰驿传经陵坡。

愈远愈奇极珍重，日铸顾渚安足多。

古今好事有传说，服之得仙无乃讹。

玉杯灵液结香雾，唯此已足超同科。

一物芳菲不可閟，自宜宠眷邀天家。

葡萄天马随汉使，邛竹蒟酱逾牂牁。

人生要自有绝特，泥涂碌碌知谓何。

偶思屈子颂嘉桔，濡毫为作蒙茶歌。

赵懿：字渊叔，贵州遵义人，光绪二年（1876 年）举人，光绪十六年（1890 年）任名山知县。政绩颇丰，人民爱戴。在职期间邀兄赵怡来名山共撰《名山县志》。该书十五卷，内容丰富，史料翔实。特别对蒙山及蒙顶茶的记载十分详尽。受到史学、茶文界的高度评价。

试蒙茶诗

清　赵　恒

色淡香长品自仙，露芽新掇手亲煎。

一瓯沁入诗脾后，梦醒甘回两颊涎。

赵恒：赵怡、赵懿之弟，贵州遵义人，成都为官。

登蒙顶饮茶（节选）
清　骆成骧

谁将海底珊瑚树，种向蒙山老烟雾。

五峰①撮指擎向天，七株正在掌心处。

......

一生能踏几山云，何人解饮九霄露。

试汲蒙泉煮蒙茶，爱是升庵旧题署②。

骆成骧（1865—1926）：四川资中人，曾就读成都锦江书院、尊经书院。光绪二十一年（1895 年）进士，列一甲第一名，是清代四川籍唯一状元。民国任四川省临议会会长。1922年为筹办四川大学而奔走。著有《清漪楼遗稿》。

煮　茶
晚清民国　吴之英

嫩绿蒙茶发散枝，竞同当日始栽时。

自来有用根无用，家里神仙是祖师。

吴之英（1857—1918）：字伯揭，四川省名山县人，光绪初入成都尊经书院学习，为王闿运弟子，与末代状元骆成骧同窗。民国初年任四川国学院院正。儒学大师、书法家，著有《寿栎庐丛书》73 卷。成都"辛亥秋保路死事纪念碑"题写，该碑至今屹立在成都人民公园，供人瞻仰。

---

① 五峰：蒙顶山顶五峰：上清、甘露、灵泉、菱角、玉女五峰。七株仙茶树处于上清峰之前的五峰中心

② 升庵旧题署：杨慎号升庵，明代状元，《杨慎记》——蒙山辨有蒙山茶记载

第二节　经典史事

一、吴理真蒙山植茶，被奉为茶祖

吴理真，四川省雅安市名山区人，约生活在公元前 1 世纪，因在蒙山种植茶树恩泽后人，被世人尊为植茶始祖。

西汉甘露年间（公元前 53—公元前 50），他在蒙顶五峰之间驯化野生茶树，培育出"高不盈尺，叶片细长，叶脉对分"的灌木型茶树品种，并制成"圣扬花""吉祥蕊"等名茶。民间百姓为纪念和记住他，演绎出一个悲剧的神话爱情故事："青年吴理真为母亲治眼病，上山采药，采集到野生茶树叶制成汤，治好了母亲的眼疾。后在山上种移植、驯化、种植野生茶树，用茶配药制汤治好了当地流行的瘟疫，其人其事传遍了十里八乡，感动了羌江（现青衣江）河神的女儿。蒙顶山五峰之间有一水井，名曰'甘露井'，相传与羌江相通，女神化名玉叶仙子，每天晚上子时通过甘露井到蒙顶山，保护茶园、保护吴理真，第二天白天辰时通过甘露井回羌江，来时雨雾蒙蒙，去时云开雾散，滋润着蒙顶山茶。天长日久与吴理真产生了爱情，与吴理真一起种茶、为民治病，生活在一起。吴理真非常感动，将自己身佩带的白玉短剑赠送给了玉叶仙子作定情物，并可防身。时间一长，羌江河神知道了情况，遵从人神不能通婚祖制，怒不可遏，强行要将玉叶仙子押回龙宫。玉叶仙子反抗无果，将身上所披纱巾抛向天空，纱巾化作一大片白色的雾，笼罩在蒙顶山顶，陪伴着吴理真、守护着蒙顶山茶。蒙顶山从此常年云遮雾罩，聚雾成雨，当地百姓说那雾是玉叶仙子的纱衣，那水是玉叶仙子的泪水。"

吴理真满含悲愤，没有沉沦，他一面种茶、给民众治病，一面修炼奇门遁甲、长生不老、呼风唤雨之术，一则以便与玉叶仙子相会，实现个人意愿。二则为众避凶化灾，泽被人间，推广茶叶种植移栽技术，实现修道的理想："由是而遍产中华之国，利益蛮夷之区，商贾为之懋迁，闾阎为之衣食，上裕国赋，下裨民生，皆师之功德，万代如见也。"

玉叶仙子被带回龙宫后，羌江河神要玉叶仙子改嫁他人，玉叶仙子坚决不从。河神逼迫她，她就将藏在头发里的白玉短剑拔出横于颈前以死不从。河神无可奈何，又怕再出事，将玉叶仙子打回原形，原来是一条细长窈窕色白细甲的美鱼，这条鱼再也上不了蒙顶山。现在晴朗的天气时，你可以见羌江即青衣江河边一条条雅鱼在江中游动，人们说那是玉叶仙子变的，她在深情地眺望远处的蒙顶山，雅鱼头里那把白玉短剑便是吴理真送给仙子的定情物。

宋高宗时，法师请祖师吴理真显灵解除了京师一带（今杭州一带）的旱灾，宋淳熙十三年（1186年），孝宗皇帝为追念吴理真植茶解灾的功德，特将其敕封为"甘露普慧妙济大师"，宋代《宋甘露祖师造像并行状》牌记述了这件神奇之事。明代状元杨慎在《蒙茶辨》中记载："按碑西汉僧理真俗姓吴氏，修活民之行，种茶蒙顶……水旱疾疫祷必应。"《名山县新志》（清光绪版）载："名山最好的茶在蒙山，蒙山顶的茶更好，上清峰茶园中七株茶为极品。世人传说甘露普慧禅师亲手所植，二千年不枯不长。其茶叶细而长，味甘而清，色黄而碧。酌杯中，香云幂覆其上，凝结不散。以其异，谓曰'仙茶'。每岁采贡三百三十五叶，天子祭天及祀太庙用之。"

吴理真是世界人工植茶第一人。蒙顶山成为世界茶人寻根问祖的圣地，吴理真是世界茶人祭拜的植茶始祖。吴理真当年种茶时留下的遗迹得到保护，人们将他当年结庐种茶之所进行整修，雕刻塑像，便于供奉和祭拜，天盖寺从而成为供奉真人的寺庙；他开掘的甘露井（古蒙泉），为种茶时小憩的（甘露）石屋，所植的七株"仙茶"因入贡皇室，其所在地被唐王朝册封为"皇茶园"，吴理真的退隐之所智矩寺至今犹存。

二、蒙顶"仙茶"由来

名山区被世人誉为"仙茶故乡"，1985年，时任四川省委书记的谭启龙视察蒙山工作时听说了这个故事，欣然提笔留下了墨宝"仙茶故乡"。

蒙山有雷鸣茶，春雷初鸣茶树芽乃苗。"仙茶"的传说一直流传下来，很多史料和文献也记载了。五代时期，前蜀司徒毛文锡所著《茶谱》记载了蒙顶"仙茶"的故事：

说四川省雅安市有一座蒙山，山上有五峰，峰中间有七株茶树的茶园，中间的山峰为上清峰。曾经有一个僧人病了，得的是久治不愈的冷寒之症，有一老人告诉他，蒙山中顶茶，如果是春雷初响时采摘三天，得到一两以当地的甘露井水煎服，即能除去他的病。如果吃二两就不再得病，三两固以换骨，四两立即成为地仙啊。果然病僧得到一两多蒙顶仙茶病就好了，还返老还童。

蒙顶所制研膏茶，制作成团茶进贡，也作紫笋茶。上清峰前的 7 株茶树，正是茶祖吴理真所植，"高不盈尺，不生不灭"并建立御茶园，遗址至今尚存。人称"仙茶"。

《四川通志》载"名山之西 15 里有蒙山，其山有五顶，中顶最高，名曰上清峰，即种仙茶之处。"清代四川资中籍状元骆成骧赞道："五峰撮指擎向天，七株正在掌心处。"

"仙茶"一直作为贡品的主要品种，在明清时期，又被钦定为祭天的专用品。明代时进贡的是万春银叶散茶、玉叶长春散茶、"仙茶"、陪茶（露芽、谷芽）、蒙顶石花。清代进贡的是"仙茶"、陪茶、菱角湾茶、蒙顶山茶、名山茶（颗子茶）。

蒙顶山山形巍峨雄壮，似连天接地，蒙顶五峰，也是道家崇尚的金木水火土五行学说的理想场所，五峰之中皇茶园突出为阳，甘露井下凹为阴，阴阳相济，中心栽 7 株"仙茶"对应北斗七星，四面围栏象征四方四季。这样天造地设地方才能孕育出"仙茶"，才有喝上清峰"仙茶"后长生不老、成仙的传说。

三、白虎守护皇茶园

正因为蒙顶"仙茶"能治病成仙的大名，蒙顶山茶自唐代起作为贡茶进贡皇室并一直延续至清代，驰名天下，也引来不法分子的盗采盗伐。

蒙顶"仙茶"虽然被列为皇茶园，圈地围栏并派人看护，但仍然挡不住很多为治病者、一心成仙者或不法牟利者，上山偷采盗取。本来山顶茶园海拔高，生长慢，加之每年的皇茶采制任务，因此茶树就长得不如其他茶树茂盛。偷采增加了茶树的损害，更使"仙茶"树势瘦弱、矮小。

天盖寺管护茶园的和尚看管不过来，只好向名山县官、雅安府报告，官府只好专门定人协助看守，为减轻看管强度，编说山有白额猛虎巡查看守，并塑白色猛虎于园旁边，"相传仙茶，民间不可瀹饮，一蠢吏窃饮之，被震雷击死。私往撷者，山有白虎巡逻，以故樵牧不敢擅入。官采时，虽亢阳亦必云雨。懿（赵懿）验之，果然。此山之灵异与，抑亦天家玉食之重也。"清代晚期名山知县赵懿亲自验证，专门记述了这件事。其兄作诗《皇茶园》："苍翠五峰巅，灵根风露缠。贡香三百叶，仙植二千年。品重圜丘祀，枝披禁篽妍。於菟双白额，长护碧云眠。"

清朝灭亡之后，帝制废除，蒙顶"仙茶"等不再进贡，但作为名贵茶叶一直保持生产。吃了"仙茶"能成仙虽然只是传说，但种有"仙茶"的"皇茶园"作为历史文化遗迹却是无比珍贵，是全国重点文物保护单位之一。

四、神仙道士叶法善促进蒙顶茶首贡

唐代是李氏天下，自称是李聃（老子）之后，把道教奉为国教。因此道教在唐朝颇受推崇。

叶法善（616—720），字道元，松阳（浙江省）人，"于青城赵元阳，受遁甲步元之术；于嵩高韦善俊，传八史云蹻之道。从豫章的万法师处'求辟谷、导引、胎息、炼丹之诀'学会气功，从蒙山羽士处学来'三五盟威正一之法'"。一生历经高宗、中宗、睿宗、玄宗四朝，"道士叶法善，自曾祖三代为道士，皆有摄养占卜之术。法善自高宗、则天、中宗五十年，常往来名山，数招入禁中，尽礼问道。"他道行高深，积德行善，为百姓驱邪治病。暗加保护李旦、李隆基，为他们参透暗算，消灾避祸，助李隆基登上皇位。叶法善是与世无争的道士，但不消极避世，而以道家"禳灾求福"为宗旨，凭睿智匡国辅主。他认定李隆基能安定社稷，造福黎民，故悉心佐佑圣主，"凡吉凶动静，皆预先奏闻"。睿宗深感叶法善有辅佐之功，称对他"有冥助之力"。延和元年（712年），唐睿宗让儿子李隆基监国，改元"先天"。太平公主不满足参与朝政，欲效法母亲武则天谋求大位，谋划羽林军入宫弑害侄儿李隆基。叶法善预察此情，"先事启沃，亟申幽赞"，开导年方27岁的李隆基择机行事。先天二年（713年）7月3日，当太平公主与大臣率人马入宫时，被已有防备的李隆基剿灭，睿宗下诏传位李隆基。叶法善死后的开元二十七年（739年），李隆基还思念仙逝的叶法善，唐玄宗还为他写《叶尊师碑铭并序》以祭奠之。

唐玄宗李隆基登基后，将道教推到了一个更高峰，唐玄宗于天宝元年（742年），广泛征集天下方士、长生不老之物。叶法善原在蒙山修道，曾将蒙顶茶奉

献给唐玄宗品用过，留下了深刻的印象，此时由皇上亲点开始正式入贡皇室，作为"仙草""仙方"供皇家使用，贡茶不断，从此名冠天下。玄宗皇帝封叶法善为银青光禄大夫、鸿胪卿、越国公、景龙观主，松阳县老家的宅子作为道观，皇帝赠号为"淳和观"，观上有御制的碑书匾额。"玄宗御极多年，尚长生轻举之术，于大同殿立真仙之像，每中夜夙兴，焚香顶礼。天下名山，命道士中官合练醮祭，相继于路。投龙奠玉，造精舍，采药饵，真诀仙迹，滋于岁月。"《唐仵达灵真人记》作者仵达灵自述："曾随玄宗銮舆西幸，两次均见青城道人，得'真元丹诀'和'神水黄芽之要'"。后蒙顶山所产名茶黄芽，取名源于唐代编撰《道藏》的缘由之一。

唐宪宗元和八年（813年），李吉甫撰《元和郡县图志》载："严道县蒙山在县南十里，今每岁贡之最。"

五、赵懿——蒙山茶文化的开拓者和奠基人

赵懿，字渊叔，贵州省遵义市人。清光绪十六年（1890年）起任名山县知县。先后两任，政声颇高，特别是邀兄（赵怡）来县完成《名山县志》，功利后世。1895年卒于官职。邑人于紫霞山之怀虞堂，立主陪祀。

名山建县至清光绪有1 400多年，修志始于何时，无籍可考。清康熙六十年，知县徐元禧编《名山县志》36卷。乾隆年间，县宰高第也曾修县志，可惜均已失传。光绪十八年（1892年），赵懿邀兄主持完成《名山县志》，至中华人民共和国成立时，仅存孤本，经整理留存，成为研究名山历史和蒙山茶史、茶文化的重要依据。

作为最为重要的职责，县令赵懿每年要亲自督制贡茶，恭敬拣制，以表忠心。曾写《恭拣贡茶》一首，诗中他也感叹自己任职5年了，远在京城的皇帝知不知道远在西蜀我尽职尽责、工作艰辛，特别是身体有病，患了消渴疾（糖尿病），如司马相如一样失意居闲、贫病交加。果然再第二任期病逝于名山，留下了深深的遗憾！

《名山县志·序》中记载："懿筑亭廨于东圃，陈书满室，狼藉纸砚，文书所断之罅，辄入坐其中，究肆而博参，掇幽而搜轶，虽至夜风灯，不少辍。"每出行，询问民间疾苦、山川脉络、溪涧源流、古老传说、碑碣之载，穷于目，营于

耳，审于心，勤勤恳恳，历二年余终为后留下珍贵的资料。《名山县志》15卷，但凡蒙山与蒙山茶和蒙山茶文化尤为详尽。

赵氏兄弟，对蒙山情有独钟，分别写有《蒙山十首》，对花溪、甘露井、天盖寺、智矩寺、蒙泉院等蒙山胜景的咏颂流传至今，成为范本。其中，《蒙山采茶歌》气势非凡、文气晓畅俱为大家风范。正是："玉杯灵液结香雾，唯此已足超同科。"因此知足，赵懿是一位地道的蒙山茶文化的开拓者与奠基人。

六、吴之英和杨锐与蒙顶茶之缘

著名学者、蜀学大师吴之英，字伯朅（1857—1918），四川名山人。与清末维新志士"戊戌六君子"之一的杨锐（1857—1898）字叔峤，四川绵竹人，与吴同庚。同年选入四川高等学府尊经书院深造，同场考上优贡，一同进京朝考，后又一道参与旨在"保国保种"的变法维新运动。他俩是知交，是战友，还与"蒙顶茶"结下不解之缘，留下了鲜为人知的传奇故事。

1875年，张之洞创办尊经书院，从府州县选拔100人入院深造，吴之英、杨锐及富顺的宋育仁、井研的廖平，被誉为"尊经四杰"。空暇，吴之英邀约聚会，沏上蒙顶茶，边品茗，边纵谈古今。有一次在谈到将来的打算时，吴先生接着说："人生犹如蒙顶茶，清香惠泽天下人"，杨锐啜了口蒙顶茶后慷慨陈词："杨某虽然才疏学浅，然若为世用，当效伊皋，辅佐贤明，治天下为尧舜之世，死而后已！人生犹如蒙顶茶，愿将身心祭苍天"。

1881年，全国沿制选拔优贡，小省两个名额，四川是大省有4个名额。杨锐、吴之英等积极准备迎考。"三更灯火五更鸡，正是学生用功时"。吴之英请人带去家乡的蒙顶茶，分送给杨锐等，并告之喝蒙顶茶可清心明目，提神醒脑，每当学习困乏时，饮上一杯蒙顶茶，倦意顿消，精神倍增。杨锐尝到蒙顶茶的神奇功效，感觉很好。临考试前，杨锐、吴之英畅饮一杯醇香味浓的蒙顶茶，胸有成竹走进考场，拿上考卷，豁然开朗，思维敏捷，文如泉涌，见解独特。结果杨锐、吴之英、刘子雄、陈崇哲从三千选秀中脱颖而出。杨锐兴奋地对吴之英说："蒙顶茶神功，助我等考中。"

第二年（1882年），杨锐、吴之英等一同赴京考试。杨锐提前对吴之英说："千万别忘了带蒙顶茶啊！""你吃蒙顶茶吃上瘾了哇"，吴之英半开玩笑地说：

"你放心，我忘不了！"到了北京城，杨、吴同住一处，沏上蒙顶茶，清香四溢。来自河北省的几个考生，觅香而来，一到门口便招呼施礼惊叹道："仁兄，这是哪里的好茶？清香汤亮！"杨锐随口吟出"扬子江中水，蒙山顶上茶"，考生们有知道的，脱口说到"原来是大名鼎鼎的蒙山茶！"吴之英给客人泡上茶，解释说："我们现在品尝的蒙顶茶，属凡茶，即皇茶园以外的茶，极品是皇茶园中采制的，称贡茶。从唐开元年间入贡直到现在从未间断。蒙顶正贡茶连皇帝都舍不得自己饮用，而专门作为祭祀太庙祖宗的珍品……有诗为证：'唯时石花特矜贵，琼叶三百辑神瑞，一尊清贡郊坛，曾孙于穆皇灵醉'"。在座的无不啧啧交口称赞。品了蒙山茶后，无不为蒙顶茶嫩香鲜爽回甘折服。

1898 年，杨锐倡立蜀学会，并参加保国会，成为"军机四卿"（实际是四位变法的新宰相）之一。宋育仁与吴之英等组织"蜀学会"，创办成都第一家报纸《蜀学报》，吴之英担任主讲和主笔，竭力宣传维新变法。但以慈禧太后为首的顽固派，反对变法，发动政变。1898 年 9 月 17 日，光绪帝召见杨锐，给他一封密诏，杨锐含泪通知其他人，告知光绪的无奈处境。9 月 24 日，杨锐等被捕，慈禧太后废除一切新政。9 月 28 日，杨锐等 6 人被害于北京菜市口，史称"戊戌六君子"。噩耗传来，吴之英不顾个人安危，写下《哭杨锐》长诗和挽杨锐联："书院订知交，富子云才，存范滂志，抱义怀仁，德量汪洋波万顷；伤心悲水诀，挂徐君剑，碎伯牙琴，抚今追昔，晦明风雨梦三生。"然后奠上一杯杨锐生前最喜欢的蒙顶茶，叩祭英灵。

七、吴之英和谢无量与蒙顶茶结谊

谢无量（1884—1964）名沈，号希范，别署啬庵，四川乐至县人。著名学者、诗人和书法家。曾任孙中山先生大本营秘书、参议。他向往蒙顶山，咏赞蒙顶茶，敬重在蒙山这方茶文化底蕴富厚的土地上成长起来的爱国志士、著名学者、经学家、书法家吴之英先生。

1909 年，清廷聘吴之英先生为礼部顾问官，自公卿至布衣视为重选，哪知吴先生却之不就。次年，成都开办存学堂，谢无量任监督（校长），恭请吴之英先生去执教。时年仅 26 岁的谢无量对年过半百的吴之英先生推崇备至，发来一封封热情洋溢的信，信中盛赞吴之英先生"敝履荣贵，学富五车，著述等身，书法瑰玮"，热切期望吴先生"远绍渊（王子渊、即王褒）云（扬子云、即扬雄），近齐轼（苏轼）辙（苏辙），风同齐鲁（孔子家乡）炳蔚来者"。吴之英先生被这一封封情真意切的书信所感动，在《答谢无量书》中表示要以"张华老病，强对册文；江淹昏忘，犹握秃管"的精神发挥应有的作用。谢无量收到信后，非常高兴，便决定亲自到名山来接吴之英。

吴之英先生在名山县立高等小学堂接待谢无量。用清洁的盖碗茶具，沏上一杯上好的蒙顶茶。谢先生揭开盖碗，只见雾气缭绕，久不散去，清香扑鼻，呷一口沁人心脾，不禁赞诵道："春风拂面雾蒸腾，满屋馨香醉游人。如茗人生高品位，先生钟爱撼心灵。"吴之英先生双手一拍说："好！谢君硕学通敏，既为公垂，所鉴自是，精诚感人，会当径造。"宾主一见如故，情投意合，谈笑风生。

次日，吴先生偕谢先生游蒙顶山。一路上介绍禹贡蒙山的悠久历史和灿烂的茶文化，参观皇茶园、天盖寺等名胜古迹。天盖寺住持得知两位名人到此，盛情接待，亲自取蒙泉水烹蒙顶茶，确是异香非常。吴之英先生写下《煮茶》诗，缅怀茶祖吴理真济世活民的功德："嫩绿蒙茶发散枝，竞同当日始栽时。自来有用根无用，家里神仙是祖师。"谢无量先生口占一绝："银杏参天万乳悬，枝枝垂溜屈如拳。理真手植灵名种，仙果仙茶美誉传。"

赴成都时，吴之英先生取出二斤蒙顶甘露和蒙顶黄芽赠送谢无量先生。到了存古学堂，在为谢、吴二先生接风洗尘的会上，谢先生拿出蒙顶茶让众学士分享，受到高度赞美。

"吴（伯朅）廖（平）把臂谈经学，齐鲁风流嗣古人。"这是谢先生的诗句，是他虚心学习的真实写照。"谢无量谦虚地拜吴之英为师，既当校长，又当学生，一时传为美谈。"（《近代四川经学人物遗迹概述》）。民国元年（1912 年），吴之英生任四川国学院院正，吴之英荐聘谢无量、刘申权为院副。他们拟定"研究国学，发扬国粹，沟通古今，切于实际"的宗旨。续修通志，是学院的任务之一。在规划中将"禹贡蒙山"和"蒙顶茶"载入《志》中，光耀史册。

谢无量还撰书一副雅达俱善的对联赠送吴之英先生，表达他对名山、名人、名茶的赞誉：自王（运）伍（菘生）以还，为人范，为经师，试问天下几大老？后扬（雄）马（司马相如）而起，有文章，有道德，算来今日一名山。

八、毛泽东唤醒蒙山茶

1958 年早春时的一天晚上，名山县委办公室接到四川省委办公厅的电话，说中央工作会议在成都召开，需要一点蒙山茶，请速送来。时任名山县县委书记的姚清非常兴奋，次日一早，便步行上山，找到蒙山茶场和村的负责人布置此事，亲自督战采摘加工，当夜送到县委。第二天，由地委派车将姚清书记送到金牛坝宾馆。省委工作人员即向中共中央办公厅有关领导报告：蒙山茶送到了。贺龙元帅向朱老总说："只听说'扬子江中水，蒙山顶上茶'，到底如何，快沏来尝尝"。他们立刻冲了几杯，各自喝了起来。办公厅同志对姚清书记说："你的任务完成得很好，领导很是赞扬。"

成都会议结束后，时任四川省委书记李井泉的办公室又打来电话说，中央领导喝了你们的蒙山茶，认为很好。毛主席还指示："蒙山茶要发展，要和群众见面。"当时正直传达"鼓足干劲，力争上游、多快好省地建设社会主义"总路线，加上这一条振奋人心的好消息，更使名山茶农深受鼓舞。大战"红五月"结束，名山县委立即组织了 800 多人上蒙山，由南下干部董卢喜和任席华两位老同志带领组成 20 几个连队吃住在蒙山。农水科的老茶叶技术干部一起上山技术指导。按等高线沿山坡垦荒砌成梯地，历经半年共开荒 1 160 余亩，当年就移栽和播种300 多亩，继后逐年扩大。

改革开放后，1985 年 9 月胡耀邦总书记、2002 年 5 月江泽民总书记先后来雅安视察，都喝过蒙顶甘露和蒙顶黄芽，对其赞赏有加。

"昔日皇帝茶，今进百姓家"。蒙山茶闻名全国，走向世界，都与世纪伟人的指示、关怀密切相关。如今，蒙山茶已经发展到 35 万多亩，全县人均 1.5亩多，产量达 5 万吨，综合产值 63 亿元，是名山农业、农村经济的主导产业，农民收入的肯干项目，名山已经成为全国重点产茶县（区）、全国茶产业强县（区）。

第三节　诗词背后

一、白居易晚年作《琴茶》诗

白居易（772—846），唐代诗人，字乐天，号香山居士，祖籍山西太原，贞元进士，后因得罪权贵被贬为江州司马。官至翰林学士、左赞善大夫。晚年曾官至太子少傅。在文学上积极倡导新乐府运动，现实派诗人。他的诗歌题材广泛，形式多样，语言平易通俗，有"诗魔"和"诗王"之称。主张"文章合为时而著，歌诗合为事而作"。其诗语言通俗，相传老妪也能听懂。长篇叙事诗《长恨歌》《琵琶行》被后世誉为"古今长歌第一"，和元稹齐名，世称"元白"，晚年与刘禹锡唱和甚多，人称"刘白"。与李白、杜甫并称"李杜白"著有《白氏长庆集》。

一生以 44 岁被贬江州司马为界，可分为前后两期：前期是兼济天下时期，后期是独善其身时期。后期闲适、感伤的诗渐多。他说自己是"面上灭除忧喜色，胸中消尽是非心。"70 岁致仕，回故居洛阳市郊区安乐乡狮子桥村。常与朋友裴度、刘禹锡等喝酒、吟诗、弹琴、品茶，与酒徒、诗友、琴侣一起游乐，老年时期体弱多病，卖掉了心爱的马，辞了小妾和丫鬟，在家静养减少外出活动。按白居易身体状况和诗中描写的情况，推断时间在 73 岁左右（845 年），一日独座家中，静心闲思，想起自己一生即将走到尽头，仍旧怀念过去美好的时常，不免心生感慨，便以《琴茶》为题作诗一首。

兀兀寄形群动内，陶陶任性一生间。
自抛官后春多醉，不读书来老更闲。
琴里知闻唯渌水，茶中故旧是蒙山。
穷通行止长相伴，谁道吾今无往还。

《琴茶》诗大意为勤勉不止活在这个世上，劳神费力任性过了一生。自从没有当官后经常喝醉酒，不读书不操持公事感觉更加清闲。琴曲最喜爱听的只有《渌水》曲，茶中老朋友是"蒙顶山茶"。无论贫穷富贵、忧乐得失相伴一生，谁知道我现在还要再经历呢？

《琴茶》诗表达了诗人到老后，已超然得道，静心回忆过去，坦然面对病痛与忧乐。如《庄子·让王》所言："古之得道者，穷亦乐，通亦乐。所乐非穷通也，道德于此，则穷通为寒暑风雨之序矣。"

二、刘禹锡西山寺庙试茶咏歌

刘禹锡（772—842），苏州嘉兴（今属浙江省）人，字梦得，祖先来自北方，自言出于中山（今河北省定州市），又自称"家本荥上，籍占洛阳"。唐朝著名诗人，中唐文学的代表人物之一。因曾任太子宾客，故称刘宾客，晚年曾加检校礼部尚书、秘书监等虚衔，故又称秘书刘尚书。

蒙山茶从天宝元年（742年）进贡到唐中期时，已是名誉天下的贡茶，元和八年（813年）李吉甫撰写的《元和郡县图志》中说"严道县蒙山，在县南一十里，今每岁贡茶为蜀之最。"浙江长兴县顾渚山，是茶圣陆羽与陆龟蒙在此置茶园，并从事茶事研究，陆羽在此作有《顾渚山记》，顾渚山是陆羽撰写《茶经》的主要地区之一。蒙山茶与顾渚紫笋是两朵名茶奇葩，一个是官方所定贡茶，一个是民间最高手评的名茶，当时茶人各有评价，难分伯仲。

刘禹锡是一个爱茶、懂茶之士，在四川筠连县西山寺庙亲自观看山僧"自采至煎俄顷余"，并亲自尝茶，并作《西山兰若试茶歌》。著名茶叶专家朱自振在《古代茶叶诗词选注》第五首说："本诗作于刺连州（古治在今四川筠连县）。"（《中国茶叶》1982年第3期）[也有海州浮江郡（今广西桂平县）、朗州武陵郡（今湖南常德市）之说]。兰若（即阿兰若寺院，梵文 aranyakah 的略语之意）。

山僧后檐茶数丛，春来映竹抽新茸。
宛然为客振衣起，如傍芳丛摘鹰嘴。
斯须炒成满室香，便酌砌下金沙水。
骤雨松声入鼎来，白云满碗花徘徊。
悠扬喷鼻宿酲散，清峭彻骨烦襟开。
阳崖阴岭各殊气，未若竹下莓苔地。

炎帝虽尝未解煎，桐君有篆那知味。

新芽连拳半未舒，自摘至煎俄顷馀。

木兰沾露香微似，瑶草临波色不如。

僧言灵味宜幽寂，采采翘英为嘉客。

不辞缄封寄郡斋，砖井铜炉损标格。

何况蒙山顾渚春，白泥赤印走风尘。

欲知花乳清泠味，须是眠云跂石人。

前面 11 句均描写采茶、制茶、品茶的过程，细致优美。最后两句是刘禹锡的感叹：品尝了筠连县西山寺山僧亲自采采制的茶如此美妙惬意，何况是蒙顶和顾渚春茶了，这两种茶都是制好后用银瓶盛装并用白泥封口加盖红印送京进贡的茶。要真正知道茶叶清香爽泠的味道，只有我这个睡在云间卧在石上的超脱之人。

三、文同钟情蒙顶茶

"蜀土茶称圣，蒙山味独珍"与"扬子江心水，蒙山顶上茶""琴里知闻唯绿水，茶中故旧是蒙山"几句诗文对联是中国茶叶界中影响较广较深的茶联，常在古代文献、现代茶典中看到。"蜀土茶称圣，蒙山味独珍"是北宋代著名画家文同所写《谢人惠寄蒙顶茶》诗中第一句。

文同（1018—1079）：字与可，号笑笑先生，人称石室先生。四川梓潼人。宋皇祐年进士，官司封员外郎，出守湖州，称文湖州。是著名的诗人、书画家，善画竹、山水，著有《丹渊集》。

文同在四川邛州（邛崃）、汉州（广汉）、普州（安岳）、汴州（开封）、洋州（陕西西乡等县）做官。有一年春天，在外省为官的他收到家乡人寄来的蒙顶茶，品饮后顿感神清气爽，感慨万千，以《谢人惠寄蒙顶茶》为题作诗一首。

蜀土茶称圣，蒙山味独珍。

灵根托高顶，胜地发先春。

几树惊初暖，群篮竞摘新。

苍条寻暗粒，紫萼落轻鳞。

的皪香琼碎，鬅鬙绿蒦匀。

漫烘防炽炭，重碾敌轻尘。

惠锡泉来蜀，乾崤盏自秦。

十分调雪粉，一啜咽云津。

沃睡迷无鬼，清吟健有神。

冰霜凝人骨，羽翼要腾身。

磊磊真贤宰，堂堂作主人。

玉川喉吻涩，莫厌寄来频。

　　家乡四川茶叶是全国最好的，蒙顶茶更加神奇独珍，春天这时候正是采茶制茶的季节，是品质最好的，如果用惠锡泉、乾崤盏来点蒙顶茶，睡觉甜香，做梦也不会遇上鬼，吟咏诗词思维敏捷如有神助；蒙顶茶清爽的滋味如冰霜一样浸入骨髓，好像腋下已长出翅膀要入天宇，我心胸坦荡做人大磊落，要做自己的主人，我要学习嗜茶的玉川子，不会厌嫌时常给我寄蒙顶茶来。文同先生是在去湖州（今浙江省吴兴、德清、安吉、长兴等县）任职的路上去世的。湖州也是著名茶区，贡茶顾渚紫笋产于此，是唐代的茶叶官贡。如果文同到了湖州，品赏了顾渚紫笋不知要写出多少赞美蒙顶山茶和顾渚紫笋的诗句来，实为茶之憾事。

　　文同以学名世，擅诗文书画，深为文彦博、司马光等人赞许，尤受其从表弟苏轼敬重。文同以善画竹著称。他注重体验，主张胸有成竹而后动笔。他画竹叶，创浓墨为面、淡墨为背之法，学者多效之，形成湖州竹派。文同在诗歌创作上很推崇梅尧臣，他的《织妇怨》描写织妇辛勤劳作，反被官吏刁难，与梅尧臣反映民间疾苦的诗同一机杼。他的写景诗更有特色。如"烟开远水双鸥落，日照高林一雉飞"（《早晴至报恩山寺》）；"深蓑绕涧牛散卧，积麦满场鸡乱飞"（《晚至村家》）等句；形象生动，宛如图画，充分表现了画家兼诗人善于取景、工于描绘的特点。他在诗中还常常把自然景物比作前人名画，如"独坐水轩人不到，满林如挂《暝禽图》"（《晚雪湖上寄景儒》）、"峰峦李成似，涧谷范宽能"（《长举》），为古代诗歌描写景物增添了一种新的手法，这同当时画家乐于向前人诗中寻找画意具有同样的意义，表明了北宋前期诗与画这两门艺术已更为密切地结合在一起，比起前人王维的"诗中有画"来就更前进了一步。

苏轼对文同做了公正的评价。苏轼说，文同诗一，楚辞二，草书三，画四。

四、黎阳王作诗赞美蒙山茶

蒙山石花茶
明 王 越

闻道蒙山风味嘉，洞天深处饱烟霞。
冰绡碎剪先春叶，石髓香粘绝品花。
蟹眼不须煎活水，酪奴何敢斗新芽。
若教陆羽持公论，当是人间第一茶。

《蒙山石花茶》是一首脍炙人口的茶诗，此诗在蒙山茶诗中占有极高地位，经常被录入引用。几乎无须注释，就能读通会意。

长期以来，茶史研究者把《蒙山白云岩茶》诗作者黎阳王认定是唐代人，但是查遍字典、人名录，均找不到唐代有此人。四川农业大学李家光教授在阅读《中国历代茶书汇编》（香港商务印书馆版）其中在 1 063 页（清《茶史》）录有王越《蒙山石花茶》诗，其内容与黎阳王《蒙山白云岩茶》一诗内容除个别字外，完全一致。

王越（1425—1498）：字世昌，河南浚县人，明景泰三元（1451 年）进士。官至少保兼太子太傅。王越出将入相，文武全才，非但"身率三军，决胜千里"，而且博学能文，长诗善赋，戎马疆场之余，作诗、词、赋、文数百篇，20 多万字，后人辑有《王襄敏公集》。世传抗金英雄岳飞的《满江红》真正作者是他。浚县在河南北部，后汉置黎阳县，元废改今名。王越一生多坎坷，遭弹劾多次，曾被削官夺职，谪居他乡。《明史》载他"忠君爱国，壮老一致""贤良之举，蔚有时名"。

无法考证王越是否来过蒙顶山？但一定品赏了蒙顶茶，并作七律诗《蒙山石花茶》以赞美，时人将此诗镌刻在蒙山白云岩石壁上，落款是"黎阳王越"，后因时间较长，石壁左部长期受雨水冲刷而出现风化，"越"字逐渐模糊不清，后来名山县令赵懿在编著《名山县志》（清光绪版）时将该诗录入："黎阳王有《蒙山白云岩茶》"，并未标明作者年代时间，现代人误为唐代人所作，并将写为"唐黎阳王《蒙山白云岩茶》诗"。现一并录入，以飨读者。

闻道蒙山风味佳，洞天深处饱烟霞。
冰绡碎剪先春叶，石髓香粘绝品花。
蟹眼不须煎活水，酪奴何敢斗新芽。
若教陆羽持公论，应是人间第一茶。

五、清代著名诗人闵钧与蒙顶山茶

闵钧，名山百丈闵坡人，生卒年不详，清代著名诗人。清光绪五年（1879年）以经魁领乡、举人，曾任成都尊经书院（尊经书院的创建标志着近代蜀学兴起）、锦江书院（锦江书院是清代四川地区延续最长的官办省级书院，与今天的四川大学有着密切的渊源关系，是四川大学的历史源头之一）副院长、芦山"文明书院"主讲。有诗文著作传世，著有《读诗证异》《序赞解考》等。

闵钧出生在仙茶故乡名山的百丈镇，百丈原唐代至明初设县后并入名山，一直是重要茶叶产地之一。百丈闵坡三面环山，二水绕护，周围山区多有茶园，历年有很多茶叶作坊。唐代陆羽的《茶经》上就有记载。闵钧

蒙山高山茶园

自幼受茶的熏陶，虽家境宽裕，但也经常接触茶叶生产管理，时常参与一些茶事活动，对茶叶生产管理与制作等有效的体验与了解。经过多年的体验，加之私塾学习，文学功底较深厚，故闲暇品茗之余，写出反映家乡茶事程序的诗作《茶》8首，从种茶、采摘、拣梗、焙烘、饼团、窖贮、进贡、市边8个方面把蒙顶山茶生产过程描写全面、准确，真情实感自然流露，记录下古人茶事珍贵资料，为今人研究古茶之经典，具有非常珍贵的参考价值。全诗如下。

种茶

闲将茶课话山家，种得新株待茁芽。
为要栽培根柢固，故园锄破古烟霞。

采茶

筠篮携向领头来，一度春风雀舌开。
好傍高枝勤采摘，东皇昨夜试春雷。

拣茶

摘叶归来已夕阳，盈盈嫩绿满篮芳。
苦心为底分明甚，待与群仙供玉堂。

焙茶

轻轻微飏落花风，茶灶安排兽炭红。
亲炙几番微火候，人声静处下帘栊。

饼茶

薄润犹含雨露鲜，离披散叶尚纷然。
请将一付和羹手，捏作龙团与凤团。

窖茶

酒得泥封味愈甘，蜜经蜂酿耐咀含。
物性总觉深藏好，郁郁茶香此意谙。

贡茶

葵倾芹献亦真诚，蒙顶仙茶得气深，
飞辔上呈三百叶，清芬仰见圣人心。

市茶

交易年年马与茶，利夷还复利中华。
岂知圣主包容量，不为葡萄入汉家。

诗描写的场景：无事闲来聊一聊山中农户的茶叶生产，挖窝种茶，培根固基，在烟雨霞光中锄草施肥，使茶树茁壮生长、芽壮叶茂。春天来了，茶树发出了如鸟雀嘴舌般的嫩芽，农妇们手提竹篮到山顶茶园，选择高枝上肥壮的嫩芽，第一声春雷响起细雨蒙蒙，在雨露滋润下茶叶更加茂盛。夕阳西下，将满篮的茶叶提回家中，还得再辛苦也挑拣分类，然后摊凉在供有神灵和祖先的堂屋中。微风轻吹入茶灶，点火烧锅至红开始炒茶，几次炒制后，放入篓箕中用帘布覆盖使之发酵。茶叶略润如含雨露鲜香，叶芽虽完整已萎蔫。这时将茶叶捣碎入模，制作龙团凤饼。茶饼仍然像酒一样要贮存再发酵，这样出来的茶叶更香醇。蒙顶山仙茶得上天之真气，是真诚为贡之品，制作封存好三百六十叶正贡及陪贡之后快马进贡，让皇上及上苍能看见下属百姓的诚心。同时还有将名山所产之茶与藏区交换马匹，有利于藏区和汉区人民。不知道皇帝心里装天下百姓没有，辛苦换来的结果如"年年战死的尸骨埋葬于荒野，换来的只是西域葡萄送汉家"。

该诗特别是第五段："薄润犹含雨露鲜，离披散叶尚纷然。请将一付和羹手，捏作龙团与凤团"描写的就是将杀青炒烘后的茶叶，在有润度即含有一定水分的情况下微微发酵，后捣碎入模，制作龙团凤饼的过程。这是对黄茶制作的较细致的描述，成为黄茶制作的珍贵资料。

产业发展建议

一、现　状

　　2012 年 10 月 27 日，在北京举行的中国黄茶产业发展论坛上，由湖南省岳阳市、四川省雅安市、安徽省霍山县三地黄茶主产区的政府官员与和君咨询茶产业事业部倡议成立的中国黄茶产业发展联盟正式成立，并发表了《中国黄茶产业发展联盟北京宣言》，以实现黄茶可持续发展。2016 年 9 月，名山参加了在湖南省岳阳市举行的全国黄茶高峰论坛，2016 年四川省茶叶学会、四川省茶叶流通协会、四川省川茶品牌促进会、省茶艺术研究会、雅安市茶办等共同举办首届"蒙顶山杯"黄茶斗茶大赛。2017 年中国黄茶产业联盟蒙顶山联席会议，黄茶主产区雅安市、岳阳市、六安市、平阳县政府分管领导、农委、茶叶局（办）等茶叶主管部门；主要黄茶生产企业及特邀嘉宾。2017 年、2018 年又举办了第二届、第三届"蒙顶山杯"黄茶斗茶大赛，省外参赛黄茶企业和产品增多。2018年 3 月 27 日在名山举行中国黄茶成立联盟大会，发表了黄茶联盟宣言。2019 年3 月 26 日，在名山成立中国茶叶流通协会黄茶专业委员会，王云当选为第一任会长，名山多家茶叶企业成为会员单位。5 月 3—6 日，第八届四川国际茶业博览会召开，同时举办第四届"蒙顶山杯"黄茶斗茶大赛及颁奖，全国黄茶核心产区四川、湖南、浙江、安徽、广东、湖北 6 省 13 市选送的 79 个茶样参赛，包括蒙顶黄芽、岳阳黄茶、六安黄茶、平阳黄汤、莫干黄芽、远安黄茶、广东大叶青、沩山毛尖等中国黄茶大家族，黄芽茶、黄小茶、黄大茶、紧压黄茶四大系列

林下生态茶园

产品。较前 3 届中国黄茶斗茶大赛相比，产品品类更齐全，参与程度更广，品质显著提升，特别是香气、滋味更加凸显。7 月 25 日至 30 日在山东日照举办的 2019 首届中国（日照）国际茶叶博览会，特邀名山黄茶生产企业跃华茶业、大川茶业、天下雅茶三家，全面展示销售黄茶产品。种各迹象表明，全国黄茶产业正蓄势待发，在茶园、在茶叶市场隐隐听到黄茶发展万马奔腾的脚步声。

目前，名山区有黄芽加工企业 11 家，加工作坊及手工制茶人 8 家，年生产加工黄茶近 360 吨，产值约近亿元。名山企业依托四川农业大学、四川省茶科所以及四川省茶叶流通协会成立蒙顶山黄茶研究所，聘请相关专家进行研究指导，主要企业每年生产量 150 ～ 500 千克。2010 年后，进行蒙顶山黄小茶、黄大茶的开发，其中，四川蒙顶皇茶有限公司、四川川黄茶业有限公司还进行系列化生产，开发出万春黄茶、玉叶黄茶及饼茶，并简化制作工艺，部分利用机械批量生产，力争在保持风味的基础上在外形和色泽上有所提升。迎接中国黄茶的大会战，蒙顶黄芽已正在整装待发。

大地指纹——金鼓茶园

二、优势与问题

（一）优势突出

1. 品质优

蒙顶山黄芽是名山区所独有的产品，因季节性强、选料精细、工艺复杂，产量极少，为世独珍。不仅因为它具有优良的品质，得天独厚的自然条件，而且制作工艺特别精良，是名山人民的智慧创造，是中华茶文明的传统瑰宝。

2. 特色明

蒙顶山黄芽为轻发酵类茶，蒙顶山黄茶是在总结古代传统制作过程中，利用杀青后利用余热、水湿"闷黄"、"包黄"工艺，使儿茶素及其他成分发生轻度氧化、缩合或水解而引起黄变，并促进黄茶香气的形成，具有香气清甜、滋味鲜甜爽口和黄汤、黄叶的基本特征。并且黄茶可长期贮藏，经多年实践与验证保质可达 5 ～ 8 年。

3. 地域强

据四川农业大学、国家茶检中心（四川）研发中心、国家茶叶质量检验中心检测，蒙顶黄芽的内含成分中水浸出物、茶多酚、可溶性糖、咖啡因、游离氨基酸和香气成分均高于对照组其他产区黄茶及本产区对照组绿茶。

4. 名气大

1993 年，蒙顶黄芽获泰国曼谷中国优质农产品展览会金奖，1995 年在第二届中国农业博览会上获银奖，1997 年第三届中国农业博览会上被认定为"名牌产品"，2000 年获成都国际茶叶博览会银奖，2001 年被中国（北京）国际农业博览会评为名牌产品。2007 年，入选迎奥运五环茶战略合作高层研讨会代表黄色环。蒙顶黄芽与蒙顶甘露、蒙顶石花等产品一起获"百年世博中国名茶金奖"、中国十大区域公用品牌等荣誉。名山茶叶企业黄芽多次获国内国际重要奖项，2017 年，蒙顶黄芽入选中国茶叶博物馆茶萃厅。

5. 潜力大

目前，在其他几大茶占据一定市场份额的基础上，部分消费者对黄茶需认识、需消费，消费意愿增强。蒙顶山黄茶是我国黄茶类的杰出代表性品种，消费意愿更为强烈。从湖南、安徽到四川等黄茶主产各地重都认准黄茶是下一个市场热点，都在主要发展，重点推广，同时成立黄茶联盟共同打造。

（二）劣势明显

1. 产量过低

受地域、品种、季节、标准限制，蒙顶黄芽产量太少，只能供应少部分高端消费者和业内人士。广大消费者只能是只闻其名难见真容。

2. 技术太强

"闷黄"工艺程序多、水分温度等要求严、加工成型时间长，每一个环节没把握好则前功尽弃。

3. 标准混乱

在制作中存在区域外、非制作品种、闷黄环节时间减少、甚至炒黄的绿茶冒充黄芽等。

4. 知晓度低

黄茶类真是现在的小众茶，多数业内人士还不很熟悉，绝大多数消费者更不了解、不认识、没品过。

5. 产品不配套，价格无梯度

蒙顶黄芽属黄芽茶，量少价高，缺少配套的系列品种与价格梯度，曲高和寡，很难引起市场的重视与热销。

三、发展战略建议

钟国林在查看茶园

（一）产业市场分析

1. 市　场

中国茶叶众多，绿茶、青茶、红茶等大部分已经稳定，黑茶和白茶之间还有余热，有资料称库存量已达200万吨，已成堰塞湖。唯有黄茶还待字闺中，具备了市场资源异军突起潜力。

2. 品　种

蒙顶山甘露茶是名山茶叶的当家品类，产量较大，经过多年的宣传推广，在市场上有一定的知名度和市场占有率，但，主要存在价格偏低、品牌率低、产品特征不明显、质量差异大等问题，所以常被作为碧螺春，竞争力和影响力提高较慢。而蒙顶山黄茶在当前及今后几年内受产品特点的影响和市场期望值较高的利好前提下，做好重点蒙顶山黄茶，有利于茶叶市场产大于销，名山茶叶经营快到天花板时需要做出特色、差异化发展是当务之急、正当其时。

3. 特 点

产品独特的质量和与众不同的风格，易使茶叶企业发挥生产技术优势，产品易形成质量梯级，价格也易拉开差距，加工企业与批发商有很大的操作空间，而经销商更有很大的利润空间。因此，蒙顶山黄茶就能成为类似如西湖龙井、武夷山岩茶、普洱茶和安溪铁观音等品类茶有卖点、有特色、推广空间大、经销利润高的产品，形成生产经营和推广红红火火的局面。

（二）策略思路

传承是蒙顶山茶生存之根，创新是蒙顶山茶发展之魂，唯有创新才能在当前的茶叶经济环境下生存，只有生存才谈得上发展。

1. 发展策略

特色茶、老茶、年份茶等小众茶是今后的热点，但名山的老茶树与库存的年份茶太少，操作的空间太小。雅安企业实力不具备如普洱茶、小罐茶这样高举高打的营销策略。雅安黄茶发展适宜做出特色、重点突出和实施塔式的生产经营方式。

2. 发展思路

树立蒙顶黄芽"黄韵蜜香"的特点，叫响"千年皇茶，黄韵蜜香"的宣传口号。构建培育发展标准体系、产品体系、销售体系（价格体系）。以蒙顶黄芽为蒙顶山茶系列茶中特色茶，确定黄茶生产品种，构建黄茶生产体系，建立黄小茶、黄大茶行业标准，建立产品类别的"金字塔形结构"，培育部分重点企业生产黄茶。在销售方面设置黄芽为高端品种即限量品甚至是非卖品，黄小茶即利润实现品，黄大茶为普通品种即普及品，黄饼茶等作补充，将价格差异扩大到 10～20 倍，利润空间扩大至 60%～150%，有利于茶楼、专销店、经销商等推广营销。

3. 动作步骤

先期 3～5 年可以在黄茶品类上进行宣传打造，之后可进行老树黄茶、大师制作的运作，再后有高海拔茶、山头茶园热点等，待专门品种选定后可进行品种推广，后期抓年份茶等卖点，可将黄茶热点提升到 20 年以上。

（三）措施方法

中国黄茶宽和（成都）品鉴中心品鉴活动

从左至右依次为：何修武、王龙、李镜、蒋昭义、徐金华、何春雷、陈昌辉、钟国林

1. 加大研发力度

以农业局（茶办、茶业局）为主导、工商与质监局、经信局等及茶业协会组织主要企业建立黄茶研究推广中心，依托四川农业大学、四川省农业科学院茶叶研究所等技术支持，开展蒙顶山黄茶的研制与开发，将蒙顶黄芽"黄韵蜜香"的特点充分做出来，将黄茶特有的功效作明确的鉴定。

2. 确定黄茶茶树品种

黄芽生产适宜品种为老川茶、蒙山九号、名山 131 等。在蒙顶山地标区域内以海拔 800 米以上茶园为主，最好选择山地种植，并以施用农家肥或有机肥为主。同时开展蒙顶山黄茶品种的选育培育工作。

3. 制定黄茶系列标准

蒙顶山黄茶加工工艺中必须有闷黄、环节，茶品必须三黄，且甜香无苦涩味。按由高到低包括黄芽、黄小茶、黄大茶、饼茶（团茶）等，以《蒙山茶》国家标准黄芽为基础，制定黄小茶、黄大茶地方标准：黄小茶一芽一叶至一芽二叶，黄大茶及饼茶一芽二叶以上。对传统制作与新技术制作持包容态度，将手工和半手工茶命名为传统工艺黄茶简称传统黄茶，将机械化生产（木桶发酵）等称为新工艺黄茶，将前一年的绿茶进行回润发酵的称为再加工黄茶。将绿茶炒烘至谷黄、牙黄等黄色的茶不能称为黄茶，应归为绿茶。

刘仲华院士应邀参加 2020 年第九届四川国际茶博会
王云（右一）、刘仲华（中）、钟国林（左）

4. 挖掘整理黄茶文化

黄茶在历史上相关文献资料与挖掘整理还十分欠缺，需要从历史发展演变、加工生产技艺、诗词文学、故事传说等进行挖掘，还需要编撰成历史故事和影视小说进行传播。

5. 培训黄茶制作技艺

选择蒙顶山茶授权使用企业及认定的手工茶加工坊人员进行培训，掌握其制作技艺标准。以茶业协会牵头，区农业农村局、人事劳动局、经信局监督对生产黄茶的技术人员进行专业技能评定，分别为蒙顶山黄茶制作大师、蒙顶山黄茶制作高级师、蒙顶山黄茶制作师。

6. 确定黄茶系列价格

传统手工优质蒙顶黄芽价格起价可高于蒙顶小黄茶 2～3 倍，蒙顶山黄小茶（含黄茶饼）可高于蒙顶黄大茶 5～10 倍，蒙顶山黄大茶参考其同等级别的蒙顶山红茶，机械半机械制作的黄茶可减半执行。蒙顶山黄茶制作师在同品种茶增加价格 0.5 倍以上，蒙顶山黄茶制作高级师增加价格 1 倍以上，蒙顶山黄茶制作大师再增加 1 倍以上。批发给外地商家和门市经营留足利润空间，可以打 3～5 折。

7. 发挥黄茶联盟作用

组成企业加工作坊组成的黄茶联盟，并建立价格联盟，严格执行质量标准和

蒙顶山杯黄茶斗茶大赛

价格标准，严厉打击违反联盟《章程》的行为。茶业协会对联盟企业和作坊认定授予"蒙顶黄芽"地理标志使用，对联盟外的不发防伪商标与产品认证资格，规范包装品及标志，打击违规生产经营。

8. 开展宣传销售推广

将黄茶宣传口号"千年皇茶，黄韵蜜香"在各种渠道进行定位与宣传。争取中国茶叶流通协会或中国茶叶学会授权名山"中国黄茶之源"或"中国黄茶之乡"称号。结合每年举办的蒙顶山茶文化旅游节及参加省内外茶博会等各种茶事活动展开宣传。将黄茶企业推出，在会展及广告上大力宣传，开鉴赏会会、新闻发布会、文化研讨。坚持举办"蒙顶山杯"全国黄茶斗茶大赛，并参加国内外如中茶杯等主要名优茶评比活动，将黄茶的品鉴销售推向高潮。在网络和主要茶叶市、茶馆、茶楼及蒙顶山茶销售门市挂牌销售，对挂牌销售的实施以奖代补，方便消费者购买。

9. 严格产品质量

从品种、茶园、到加工生产均按绿色和有机标准进行，不合格产品决不出厂上市，坚决避免出现黄曲霉素和农残超标事件。

10. 培育黄茶龙头企业

在现有生产黄茶企业中筛选培育最具实力和发展潜力的企业，大力增强其加工技术、品牌打造和市场开拓及现代企业管理能力，形成蒙顶山黄茶产业发展旗舰。

11. 将黄茶发展纳入政府年度计划，并将任务、目标和责任确定为部门考核内容

在茶叶发展基础中专列黄茶发展专项。促进蒙顶山黄茶工艺研发、品种选育、技术培训、品牌推广、市场营销、人才培养、文化挖掘宣传等。

12. 产地联合推广

在 2020 年年初武汉起始发生的新冠肺炎疫情阻击战中，中药和茶叶抑制病毒、增强人体抵抗力发挥了显著效果，给全国消费者要重视茶叶的养身保健预防作用做了很好宣传。以此为契机，加大茶叶消费市场推广，加强与全国黄茶联盟合作，协调与湖南岳阳、宁乡、安徽霍山、六安、湖北安远、浙江平阳、广东韶关等黄茶产地的关系，共同推做一道茶、同做茶市场、共建新平台、共拓新

中国黄茶联盟会议发表蒙顶山宣言

参考文献

江用文 . 2011. 中国茶产品加工［M］. 上海：上海科学技术出版社 .

阚能才 . 2013. 四川制茶史［M］. 北京：中国农业科学技术出版社 .

李家光，陈书谦 . 2013. 蒙山茶文化说史话典［M］. 北京：中国文史出版社 .

速晓娟，郑晓娟，杜晓，等 . 2014. 蒙顶黄芽名茶主要成分含量及组分检测分析［J］. 食品科
学，35（12）：108–114.

《名山茶叶志》编纂委员会 . 2018. 名山茶业志［M］. 北京：方志出版社 .

钟国林 . 2019. 蒙顶山茶当代史况［M］. 北京：中国农业科学技术出版社 .

钟国林 . 2019. 蒙顶山五朝贡茶考［J］. 茶博览（6）.

钟国林 . 2019. 蒙顶山黄茶发展机遇与战略构想建议［J/OL］. 茶旅世界，新茶网 .

钟国林 . 2019. 黄韵蜜香——蒙顶山黄芽［J/OL］. 茶旅世界，新茶网 .

后 记

2019年年底，四川宽和茶馆雅安店开业典礼的品茶会上，杨静、蒋昭义、柏月辉与钟国林等共同品鉴蒙顶黄芽交流心得，聊及黄茶的现状与发展，既赞叹蒙顶黄芽的文化深厚、品质卓越，发展机遇已现，前景广阔；又感叹产品太少、专业资料太缺、宣传认识面太窄；作为蒙顶黄芽的产地，很有必要写一本专业的书籍，将蒙顶黄芽的前世今生、文化传承、制作技艺、品种特点、品饮方式、发展思路等作专门系统的记述，让茶叶生产者、茶文化爱好者、消费者认识和喜爱。因此，与会专家共同推举由钟国林构思并主笔撰写。

会后，钟国林列出本书的章节结构，征得大家认可，此事得到四川省茶研所王云老师的支持，于2020年的开年动笔撰写。2020年2月中下旬，春茶生产开始，茶农、茶叶企业复产复工，后期新冠肺炎疫情防控和生产"两不误"之际繁忙而紧张。作者一面参加小区值勤，一面在休息时间闭门不出，加紧撰写，收集资料进行修改完善。期间，有很多疑问、细节均采用电话联系、咨询，照片收集整理均在手机网络中传输，反而给撰写工作带来方便。在抗击新冠肺炎疫情期间，中医药和茶叶具有的增强人体抵抗力和对一些病毒的抑制作用得到认证和广泛认识，给作者以鼓励和信心，相信中国黄茶的春天就要来临。初稿出来后，王云老师认真审核、修改、定稿，内容质量更准确简练。

本书非常荣幸地请到中国工程院院士、湖南农业大学刘仲华教授在百忙之中为本书作序，非常感谢！著名茶文化老专家蒋昭义、茶文化专家陈开义、代先隆、茶叶专家夏家英、黄茶大师刘羡虹、柏月辉、制茶大师施友权、张德芬、高永川、张强为作者提供情况，书法家姜永智先生为本书题写书名，中共名山区委宣传部、名山区茶业协会、茶叶学会给予大力支持。本书中有些图片来源于网络，因无作者署名，无法标注图片来源，网络图片作者可与本书作者联系。

由于时间仓促，资料来源不丰，加之作者水平有限、篇幅局限，很多黄茶茶人茶事、茶诗赏析在这里不能一一列举，很是遗憾！在编辑和撰写上难免有疏漏和错误，敬请各位茶友谅解！

作者

2020 年 5 月 31 日